U0299131

姜大明部长在重庆云阳检查指导地质灾害防治工作

汪民副部长赴重庆检查指导地质灾害防治工作

关凤峻司长在重庆调研指导地质灾害防治工作

崔瑛主任在云南鲁甸地震灾区调研指导地质灾害防治工作

柳源巡视员在宜昌调研指导地质灾害防治工作

侯金武院长在河南焦作调研指导地质灾害防治工作

田廷山常务副主任在甘肃兰州西固区吊庄滑坡现场指导工作

殷跃平总工程师在三峡库区开展地质灾害防治交流

黄学斌副院长在重庆奉节县大树镇滑坡现场开展应急调查

刘传正副主任带领工作组在云南德宏州开展应急调查

地质灾害防治这一年
2014

国土资源部地质环境司（国土资源部地质灾害应急管理办公室）
中国地质环境监测院（国土资源部地质灾害应急技术指导中心） 编

地质出版社

· 北 京 ·

内 容 提 要

本书是国土资源部2014年地质灾害防治工作的全面总结，包括五部分：领导讲话，下发文件，工作总结，防灾通报，地质灾害防治大事记（2014）。

图书在版编目（CIP）数据

地质灾害防治这一年 2014 / 国土资源部地质环境司等编. —北京：地质出版社，2015. 5

ISBN 978-7-116-09231-0

Ⅰ.①地… Ⅱ.①国… Ⅲ.①地质－自然灾害－灾害防治－中国－2014 Ⅳ.①P694

中国版本图书馆CIP数据核字(2015)第074296号

Dizhi Zaihai Fangzhi Zheyinian 2014

责任编辑：	祁向雷　苗永胜
责任校对：	韦海军
出版发行：	地质出版社
社址邮编：	北京海淀区学院路31号，100083
咨询电话：	（010）66554528（发行部）；（010）66554692（编辑室）
网　　址：	http://www.gph.com.cn
传　　真：	（010）66554686
印　　刷：	北京地大天成印务有限公司
开　　本：	787mm×1092mm $\frac{1}{16}$
印　　张：	7　彩　图：5面
字　　数：	220千字
版　　次：	2015年5月北京第1版
印　　次：	2015年5月北京第1次印刷
定　　价：	36.00元
书　　号：	ISBN 978-7-116-09231-0

《地质灾害防治这一年 2014》
编 委 会

主　编　关凤峻

副主编　崔　瑛　柳　源　侯金武　田廷山

　　　　殷跃平　黄学斌　刘传正

成　员　（按姓氏笔画排序）

王支农　王灿峰　王俊豪　付小林

邢雁鹰　李香菊　李晓春　庄茂国

刘艳辉　沈伟志　肖建兵　张　斌

张永伟　陈红旗　邵　海　陈春利

苏永超　卓弘春　胡　杰　姜　喆

徐维盈　梁宏锟　程温鸣　温铭生

熊自力　薛珮瑄　穆丽霞　魏云杰

序

2014年，全国共发生地质灾害10907起，造成近400人死亡失踪、直接经济损失54.1亿元。近十年同期相比，2014年地质灾害发生数量排倒数第二，仅高于2009年；因灾造成死亡失踪人数排倒数第三，高于2011年和2012年；因灾造成直接经济损失排第三，低于2010年和2013年。

地质灾害防治工作事关人民群众生命财产和经济社会健康发展，受到党中央、国务院的高度重视。今年虽然灾情相对较轻，但我们收到的中央领导关于地质灾害防治工作指示、批示共计达60件次。地质灾害防治工作的重要性日益凸显。地方各级党委、政府认真负责，国土资源系统以保护人民生命财产安全作为地质灾害防治最高价值准则，认真贯彻落实党的十八大和十八届三中全会精神，地质灾害防灾减灾效益十分显著。全国共成功预报地质灾害417起，避免人员伤亡33723人，避免直接经济损失18.1亿元。

在去年的工作中，国土资源系统认真学习、深刻领会、全面贯彻落实中央要求，将地质灾害防治摆到重要位置，深化落实《国务院关于加强地质灾害防治工作的决定》，按照部党组统一部署，在工作中做到了防灾部署科学有序、督促检查及时有效、部门协作紧密到位、应急处置迅急有力，防治能力建设取得了更加显著的成效，调查评价取得显著进展，监测预警得到有效落实，资金投入力度不断加大，应急体系更加完善。全国完成地质灾害详细调查县（市、区）达到686个，完成勘查工作的隐患点达23612处。其中，贵州全面完成全省88个县（市、区）的详细调查工作；四川全年排查地质灾害隐患点43265处。全国31个省（自治区、直辖市）、323个市（地、州）、1880个县（市）建立了地质灾害气象预警预报体系。组织200名国家级地质灾害应急专家分区包干，3000余名各级应急专家在各地分区指导和驻守，在部分地区开展专业队伍包县、包乡技术服务。针对局地强降雨、台风等天气，各地充分发挥群测群防体系作用，做到雨前排查、雨中巡查、雨后复查，共组织督促检查组、隐患巡查组超万次。全国已有21个省份、161个市、990个县建立了应急管理机构，26个省份、171个市、420个县建立了应急技术支撑机构。全国建成地质灾害防治高标准"十有县"432个，发展群测群防监测员30万名，基本保证了隐患点群测群防监测全覆盖。中央投入地质灾害防治专项资金50亿元，其中，云南、四川、甘肃、湖南扶持资金为31亿元，强化综合防治体系建设。启动全国集中开展地质灾害防治知识宣传教育培训活动，促进从"要我防"到"我要防"的观念转变，全国培训人次达279万。全国共组织开展演练2.4万余次，参加人数超过220万人。综合应急演练和专项避险演练主要集中于县、乡两级，四川、重庆、湖南等省市还实现了桌面演练、专项演练、综合演练的有序配合。

2015年是全国地质灾害防治"十二五"规划的收官之年，也是各项工作上台阶的关键一年。我们要以党的十八大和十八届三中、四中全会精神为指导，全面贯彻落实党中央、国务院关于防灾减灾救灾工作的总体部署，深入把握经济发展新常态地质灾害防治工作的新要求，进一步明确任务，完善措施，狠抓落实，全力做好今年各项工作。

一是进一步增强责任意识。地质灾害具有"面上时有发生、点上百年不遇"的特点，容易使人产生麻痹思想。要加强典型事例宣传，增强各地和人民群众对地质灾害隐蔽性、突发性、破坏性的认识，坚决克服麻痹思想，做好抗大灾、救大急的准备。

二是强化群测群防。向社会公布公示所有隐患点的监测人员和管理责任人员名单与联系电话，接受社会监督。加大宣传教育培训力度，下发防灾光盘、折页、招贴画，对威胁10人以上的隐患点至少开展一次应急演练。

三是突出重点时段和重点地区。以汛期为重点时段，以三峡库区、西南山区、地震灾区为重点地区，特别是针对旅游区等人员密集地区，组织协调、指导监督相关部门和地方落实防灾责任和工作措施。按照党中央国务院统一部署，全力支持西藏做好抗震救灾和灾后恢复重建工作。

四是扎实推进综合防灾体系建设。强化检查监督，确保相关省份综合防治体系建设取得实效。

地质灾害防治关系到人民群众生命财产安全，是生态文明建设的重要内容，更是惠及群众的德政工程、民心工程，任务艰巨、责任重大、使命光荣。我们要以党的十八大精神为指引，锐意进取，扎实工作，全力避免和减少地质灾害造成的损失，为全面建成小康社会作出新贡献！

国土资源部副部长　汪民

2015年5月12日

目　录

第三部分　工作总结

第四部分　防灾通报

第五部分　地质灾害防治大事记（2014）

第一部分　领导讲话

汪民副部长在 2014 年全国汛期地质灾害防治工作视频会议上的讲话

国土资源部内部情况通报　2014 年第 14 期

（2014 年 4 月 15 日，根据记录整理）

同志们：

在各地汛期陆续来临之际，我们召开 2014 年全国汛期地质灾害防治工作视频会议，主要任务是深入贯彻落实党的十八大、十八届三中全会精神，落实中央领导同志近期关于做好地质灾害防治工作的重要批示精神和国家防总 2014 年第一次全体会议、国家减灾委全体会议精神，回顾总结 2013 年防治工作，分析研判 2014 年防灾形势，安排部署今年汛期防治工作。

刚才，中国地震局阴朝民副局长通报了地震情况，研判了全国地震趋势，提出了应对要求，特别强调要做好地震引发次生地质灾害的防治。中国气象局矫梅燕副局长通报了气象情况，研判了今后一段时间的雨情，对地质灾害气象预警预报等重点工作提出了明确要求。讲的都很到位，我都赞成，希望大家在工作中务必认真贯彻落实。广东、贵州两省国土资源厅负责同志分别作了发言，总结了各自的地质灾害防治工作经验，明确了下阶段防控措施。广东省的"研究案例、认识规律"，贵州省全面完成地质灾害详查，一张图管地、管矿、管地灾，超前设防、提前做到、精细管理的防灾理念等都是很好的经验，值得其他地方在工作中借鉴。参加这次会议的还有交通运输部、国资委、安全监管总局、煤监局、国家防总、国务院三峡办、武警黄金部队的相关负责同志，对大家百忙之中出席会议，多年来给予地质灾害防治工作及国土资源管理工作的支持，表示衷心的感谢！

下面，受姜大明部长委托，我代表国土资源部讲几点意见。

一、2013 年地质灾害防治工作成效显著

2013 年，全国共发生地质灾害 15403 起，造成 669 人死亡失踪，直接经济损失 102 亿元，属近年来灾情中等偏重的年份。总体呈现三个特点，**一是西南和西北地区**

灾情较重。重庆、四川、云南、贵州、西藏、陕西、甘肃 7 省（区、市）发生地质灾害总量占全国的 51%，因灾死亡失踪人数占总数的 75%。**二是以滑坡、崩塌和泥石流为主且小型居多**。滑坡、崩塌、泥石流累计占总数的 96%。小型地质灾害占总数的 94%。**三是以降雨、融雪和地震等自然因素引发为主**。西南、东南等地遭受极端强降水或强台风，四川芦山、甘肃岷县和漳县等地发生强烈地震，引发大量地质灾害。自然因素引发地质灾害占总数的 96%。

党中央、国务院高度重视地质灾害防治工作。去年以来，习近平总书记、李克强总理、张高丽副总理、汪洋副总理等中央领导同志多次作出重要批示，给地质灾害防治工作指明了方向。我部认真学习、深刻领会、全面贯彻中央领导同志批示精神，将地质灾害防治摆到更加重要议事日程，深化落实《国务院关于加强地质灾害防治工作的决定》（以下简称《决定》），各项工作取得了显著成效。主要表现在以下四个方面：

一是调查评价取得显著进展。在全面完成全国山地丘陵区地质灾害调查的基础上，地质灾害 1：5 万详细调查工作和重要隐患点勘查工作不断推进。全国完成详细调查的县（市、区）达 645 个，完成勘查工作的隐患点达 10314 处。调查评价工作为防灾工作奠定了扎实的基础。

二是监测预警得到有效落实。2013 年，全国有 31 个省（区、市）、323 个市（地、州）、1880 个县（市、区）建立了地质灾害气象预警体系，比 2012 年增加 20 个市（地、州）、302 个县（市、区）。共制作全国性气象预警产品 170 份，通过中央电视台发布 111 次，频度和精度均有较大提高。组织开展地质灾害应急演练 22375 次，参加人数 128 万余人。全国共有近 30 万名群测群防监测员，实现了地质灾害隐患点全覆盖。

三是资金投入力度不断加大。中央财政投入 45 亿元专项开展特大型地质灾害防治工作。中央和地方连续 8 年每年各投入 10 亿元，支持云南开展地质灾害综合防治体系建设。持续推进湖北五峰、甘肃东乡等重大地质灾害综合治理。全国共有 29 个省（区、市）、208 个市（地、州）、1179 个县（市、区）设立了地质灾害防治专项资金，比 2012 年增加 6 个省（区、市）、32 个市（地、州）、247 个县（市、区）。2013 年，全国各级财政投入防治资金近 200 亿元，四川、贵州、云南、广东、湖南等省级财政投入均超过 5 亿元，四川省达 19 亿元。

四是应急体系更加完善。全国共有 20 个省（区、市）、161 个市（地、州）、990 个县（市、区）建立了地质灾害应急管理机构，26 个省（区、市）、171 个市（地、州）、420 个县（市、区）建立了应急技术指导机构。各地应急专家队伍不断壮大，全国共有地质灾害应急专家近 3000 名，基本满足了工作的需要。

2013 年，我们在工作中做到了以下几点：

一是**防灾部署科学有序**。部党组在年初提出总体工作要求，2月组织地方和专家分别召开了全国和三峡库区地灾趋势会商会，3月对防治工作作出全面部署。之后又通过汛前全国视频会、10多次发文发电，对防治工作再动员、再部署、再落实。按照中组部培训计划，举办了"地质灾害防治"县长专题研究班。全面启动了地质灾害防治标准规范编制工作。各省（区、市）召开省级防治工作会议80次。近百万人参加了各地组织的地质灾害知识培训。

二是**督促检查及时有效**。部通过督促检查、巡查指导，推动各地完善预案、巡查排查、培训演练、应急处置等防灾措施。姜大明部长到任部里后第一次出差就安排去三峡库区，检查指导地质灾害防治工作。全年50余次派出由部领导和司局负责同志带队的工作组检查指导，在31个省（区、市）安排100多名区片专家长期驻守。全国共组织省市县三级督促检查组、隐患巡查组超过1万余次，省级专家3468人次参与巡查指导工作。

三是**部门协作紧密到位**。国家防总对防汛抗旱工作作出总体部署、统一指挥。交通运输部做好交通干线沿线突发地质灾害的防治，加强高速铁路穿越地面沉降区的监测，确保交通安全。国资委强化中央企业建设过程中的地质灾害防治，有效消除了工棚选址不当、配套防治措施不足等造成的人员财产损失。安全监管总局加强对矿产资源开发、工程建设等领域的监督指导，着力避免生产建设过程中引发的地质灾害。水利部、地震局、气象局及时提供水情、震情、雨情等重要信息，为有效应对灾害提供了科学依据。国务院三峡办积极协调指导三峡后续地质灾害防治，使年度项目前期工作更加扎实、安排更加科学合理。武警黄金指挥部与地方国土资源管理部门建立了愈加紧密的应急业务联系，逐步形成协同实施应急处置、联合开展调查培训的良好局面。

四是**应急处置迅速有力**。召开全国地质灾害应急工作暨业务培训会议，提升各地信息报送、应急处置等能力。针对云南镇雄滑坡、西藏墨竹工卡滑坡、四川芦山地震、四川都江堰滑坡和甘肃岷县漳县地震等20多次重大地质、地震灾害和强降雨过程，及时启动应急响应，第一时间派出工作组指导开展应急处置工作，指导地方开展工作，避免二次灾害造成人员伤亡和财产损失。

在大家的共同努力下，2013年，全国共成功避让地质灾害1757起，避免人员伤亡18.8万人，避免经济损失19亿元。三峡库区连续11年实现地质灾害人员零伤亡。这些成绩的取得，得益于党中央、国务院的坚强领导，得益于地方各级党委、政府的有力组织和相关部门的大力支持，得益于国土资源系统干部职工、专业技术人员和广大群测群防监测员的不懈努力。借此机会，我代表姜大明部长，代表国土资源部党组，向大家并通过大家向长期奋战在地质灾害防治战线上的广大干部职工表示衷心的感谢和崇高的敬意！

二、清醒认识地质灾害防治面临的严峻形势

2014 年，我国的地质灾害仍将呈易发多发态势，防治工作形势依然十分严峻。

一是从自然客观因素看不容乐观。我国地形地貌起伏变化大，地质构造复杂，具有极易发生地质灾害的环境基础。全国 29 万处地质灾害隐患点，威胁着 1800 万人和 4858 亿财产的安全。从地质灾害具有复杂性、隐蔽性和动态变化的特点看，还有很大一部分的隐患点未被查出或威胁范围可能更大。因此，随着降雨和工程建设等因素的影响以及各地地质灾害调查、排查、勘查的深入，我国的地质灾害隐患点及其威胁、影响人数还可能出现增长。地震灾区、三峡库区、舟曲泥石流灾区等，地质作用的不利影响尚未消除，一旦遭遇地震或者强降雨，地质灾害多发易发的局面不可避免。

二是从人为活动情况来看不容乐观。随着我国经济的快速发展，城镇化、工业化和农业现代化进程中人类工程活动愈加强烈，各地上马了大量铁路、公路、机场等基础设施建设项目，城镇建设的摊子和规模越来越大，如果建设单位防灾减灾意识不强、勘查工作不充分、施工不规范、监测防范不落实、应急体系不健全，极易引发地质灾害和人员伤亡，这样的例子和教训是不少的。此外，随着对地下空间和地下水等资源的开发利用程度加大，地面塌陷、地面沉降和地裂缝等地质灾害对城市和基础设施的危害日益增大。近年来，一些城市频繁出现地面塌陷，造成道路、管线等基础设施和房屋的破坏，危害人民群众生命财产安全。总的看，大部分地质灾害的发生都与降雨和地震等自然客观因素密切相关，自然客观因素是主要原因，但是其中的人为活动因素同样存在、不容忽视，在一些案例中甚至是重要因素。

三是社会各界对防灾工作的关注度越来越高。随着互联网、手机等通信技术的飞速发展，网络、电视、报纸、广播等媒体对地质灾害报道越来越多，只要发生地质灾害，无论是否造成人员伤亡，都会引发社会媒体的高度关注和及时跟进。随着微博、微信等自媒体和移动互联网的日益普及，关系到人民群众生命财产安全的地质灾害防治工作的"一举一动"必将更加引人关注，由此带来的地质灾害防治压力客观上将越来越大。

四是我国地质灾害防治基础仍较为薄弱。近年来，我国地质灾害防治体系建设取得了显著成效，但还不足以满足防治的需求。在调查评价和勘查方面，主要是详细调查评价覆盖面不足、精度不够。在监测预警方面，主要是群测群防经费投入不足，专业监测覆盖范围有限，地质灾害气象预警预报精度有待提高。在工程治理和搬迁避让方面，还有大量地质灾害隐患点急需开展工程治理和搬迁避让，特别是影响县城、集镇等人口集中区的隐患点仍大量存在。对地质灾害防治的科学研究亟待深入。如地震对西南和西北地区的长期影响，水库蓄水和年度水位调控对三峡等库区岸线和

涉水滑坡的影响，高陡地形、极端降雨条件下的地质灾害发生规律，都需要进一步的研究和探索。

当前，各地将陆续进入主汛期。3月以来，广东、山西等地已陆续出现地质灾害灾情，造成人员伤亡和财产损失。对于今年汛期防灾形势的严峻性和任务的艰巨性，我们要时刻保持清醒的头脑，不断增强责任感和紧迫感，把困难和问题估计得更充分一些，把方案和预案制定得更周全一些，把措施和工作做得更扎实一些，积极主动做好今年的防灾减灾工作。

三、在防治工作中需要把握的几个问题

2003年国务院出台《地质灾害防治条例》后，地质灾害防治工作已经成为国土资源系统一项常规性的重要工作。从部层面来讲，年初发通知，开展趋势预测会商；汛期前召开全国视频会议，启动汛期值班和地灾气象预警预报，重点地区专家驻守，开展防灾检查；汛后总结交流。地方上也是如此，建立了一整套防灾制度。年初编制防治方案和应急预案，开展应急演练，汛前排查、汛中巡查、汛后复查。总的来看，防治工作有条不紊和按部就班，采取的这些措施也是切实有效的，但是正是因为成了常规性工作，年年讲、层层讲，工作中就有可能出现一些懈怠和麻痹思想，为此，要牢牢树立以下几个意识。

一是大局意识。党的十八大报告中明确提出加强防灾减灾体系建设，提高地质灾害防御能力。十八届三中全会在维护群众权益、健全公共安全体系、建设生态文明制度等方面，对地质灾害防治工作提出了更高的要求。地质灾害防治涉及千家万户、涉及人民群众生命财产安全，一旦出现重大群死群伤事件，将直接影响当地经济发展和社会稳定大局。实践证明，如果一个地方不能有效防御地质灾害，人民群众生命不安全、生活不安定、生产不安心，各种社会矛盾就会增多，就会危及社会稳定大局。作为地质灾害防治工作人员，要把地质灾害防治上升到环境保护和建设美丽中国的高度，进一步提升地质灾害防治在城镇化、工业化进程中的地位，进一步树立为地方经济社会发展提供地质环境安全保障的大局意识。只有这样，我们在工作中，才能切实体会到责任重大、使命光荣，才能做到不畏艰险、不辞辛苦，才能做到"宁听骂声，不听哭声"。

二是忧患意识。要从最不利情况出发，向最好的结果努力，立足于抢大险、防大灾，及早研究部署。不能满足于已经取得的工作成绩，更不能认为本地多年没有因为地质灾害造成人员伤亡，就可以高枕无忧、盲目自信，要时刻绷紧防灾这根弦，时刻保持如临深渊、如履薄冰的心态，稍有懈怠、疏忽、大意，就会酿成大祸。今年3月22日，美国华盛顿州西雅图发生泥石流，导致近200人死亡失踪，主要原因是前

期连续降雨，表土松动。在经济发达能力先进的国家，也发生了如此大规模的地质灾害，更加说明地质灾害预报预测是一个世界性难题，具有很强的突发性和破坏性。去年云南镇雄滑坡发生在年初而不是在汛期强降雨时期，西藏墨竹工卡滑坡发生在很少发生地质灾害导致群死群伤事件的青藏高原，也都进一步说明了地质灾害发生的难预测性。我们一定要保持高度的忧患意识，做到有预案、有准备，即使灾害真的到来，也能保持清醒、冷静应对，有序有效处置。

三是责任意识。有人反映，地质灾害防治发文多、会议多、检查多，特别是在汛期，一接到有关降雨的预报信息，就开始层层发文、层层开会，每年汛期都要开展地质灾害隐患点检查，有流于形式之嫌。对此，我们要认真研究。一方面，要按照中央要求，切实改进工作作风，反对形式主义，提高工作实效。去年以来，已经做了明显改进，取得了很好的效果。另一方面，也要认识到，必要的发文和检查也不可或缺。这既是部署工作，也是对地方的指导、提醒和督导。地质灾害防治，有三句话要牢记，一是查与不查不一样，二是防与不防不一样，三是治与不治不一样。

四、扎实做好2014年汛期地质灾害防治工作

今年是贯彻落实党的十八届三中全会精神、全面深化改革的重要一年。地质灾害防治直接关系到群众生命财产安全，对于全局工作具有重大意义。近期，习近平总书记、李克强总理、张高丽副总理、汪洋副总理、杨晶国务委员、王勇国务委员等领导同志就做好防震减灾、防范局部地区强降雨及其引发地质灾害等做出重要批示指示。特别是前不久，张高丽副总理针对广东高要滑坡和山西临汾吉县崩塌先后作出批示，要求国土资源部指导地方，切实做好地质灾害防范工作。部已于3月下发《关于做好2014年地质灾害防治工作的通知》（国土资厅发〔2014〕6号），对做好2014年全国地质灾害防治工作作出总体部署。各地要认真学习、全面贯彻。这里我再强调以下几点：

一是进一步深入贯彻落实《决定》。《决定》明确了地质灾害防治工作的目标、任务、重点和主要措施，是指导地质灾害防治工作的纲领性文件，核心是要建立健全地质灾害调查评价体系、监测预警体系、防治体系、应急体系，四个体系相互补充、缺一不可，其完善程度直接反映我国地质灾害防治水平。各级国土资源管理部门要在已有工作基础上，不断深化推进四个体系建设，明确地方政府在地质灾害防治中主体责任地位。组织协调、监督指导地方各级人民政府切实履行防治工作的领导责任，科学部署防治任务，保证足够的人员、经费、设备等投入。《决定》出台将近三周年，请各地结合实际，开展形式多样的有关活动，认真总结《决定》出台以来地质灾害防治工作取得的进展，有针对性地开展地质灾害防治知识培训。

二是推进地质灾害防治高标准"十有县"建设。地质灾害防治工作能否取得成效，关键在基层。去年，在全面完成全国地质灾害群测群防"十有县"建设的基础上，部又启动了地质灾害防治高标准"十有县"建设工作，以持续深入提升基层防治能力。各级国土资源管理部门要按照部要求，结合地区实际制定相应的政策支持措施，全力推动县级人民政府开展高标准"十有县"建设。要研究适合本地区的建设模式，着力提升建设工作的针对性和实效性。目前，各地都已启动建设工作。比如，浙江、江苏去年底就建成了第一批高标准"十有县"。湖南省制定了工作方案，推动湖南省群测群防示范县尽早达到高标准"十有县"的建设要求。陕西省确定商洛市镇安县为试点县，明确技术指导单位，印发建设方案，以点带面推动工作。今年四季度，部将公布第一批地质灾害防治高标准"十有县"名单。

三是严格落实汛期各项防灾措施。一是汛前全面开展隐患排查，坚持雨前排查、雨中巡查、雨后复查，动态监控威胁人员财产安全隐患点变化情况。二是与相关部门密切配合，掌握雨情、水情、震情，及时发布预警预报信息，及时派出专家指导和驻守。三是对可能发生较大地震的地区，特别是生命线工程周边地区，各地都要进一步完善防灾预案，强化责任落实，健全群测群防体系，提高防大灾的能力。加强应急演练，凡重要地质灾害隐患点，都要组织开展至少一次应急演练活动，使周边群众熟悉撤离信号、路线和避险场所。四是全面开展督促检查，推动相关管理部门和防治主体落实防灾责任和防治措施，督促建设、开发主体，严防不合理工程活动引发的灾害及导致的人员伤亡，确保施工人员的安全。五是在工程建设中严格落实地质灾害危险性评估制度，配套地质灾害治理工程的设计、施工、验收与主体工程的设计、施工、验收同时进行，切实避免人为活动引发的地质灾害。部里已就今年的地质灾害防治检查工作作出部署，这次会后，部里的工作组将对三峡库区、西南山区等全国地质灾害防治重点地区的汛期准备情况进行抽查。

四是强化重点地区防治工作。湖北、重庆两省市国土资源管理部门要做好年度项目实施方案编制，按照部和省市政府的安排部署，完成长江三峡移民工程地质灾害防治专项竣工验收的自验和初验工作，强化长江干支流两岸、集镇、公路沿线的崩塌、滑坡等地质灾害防治。四川汶川、芦山和甘肃岷县、漳县等地震灾区，要有针对性地制定汛期防灾方案，专门做好应对，严防松散堆积物在降雨条件下形成的泥石流和地形陡峻部位的滑坡、崩塌等地质灾害。西南强降雨地区要关注潜在的滑坡、泥石流隐患点和岩溶塌陷灾害的防治避让。东南沿海地区要警惕台风造成的暴雨引发崩塌、滑坡、泥石流等突发性地质灾害。北方地区要特别警惕春季融雪、融冰可能引发的崩塌、滑坡等灾害。

五是全力做好应急处置工作。进一步完善应急工作制度，充分发挥专业技术队伍和专家作用，积极主动协助地方政府做好灾情、险情应急处置工作。一是加强应急值守，及时报送信息，为防灾减灾工作决策提供可靠信息。二是接到险情和灾情报告后，第一时间赶赴现场，协助地方划定危险区，撤离人员，避免群众和抢险救灾人员二次伤亡。三是做好与地震、水利、武警黄金部队等应急救援机构的沟通联络，提高应对地震等重大灾害的快速响应能力、协同作战能力。

六是大力开展宣传培训演练活动。利用地球日、"5·12"防灾减灾日等机会，结合部里将要开展的《决定》出台三周年有关活动，开展地质灾害防治主题宣传培训活动。充分发挥广播、电视、报刊、网络等媒体的作用，通过张贴海报、举办展览、组织现场咨询等手段，向社会公众尤其是中小学生、农民工、工矿企业职工等普及逃生避险基本技能，提升紧急情况下自救互救能力。对群测群防监测员、地质灾害防治管理干部和监测责任人开展业务培训，努力做到宣传培训演练工作对相关人员全覆盖，使地质灾害防灾减灾技能深入人心。

同志们，地质灾害防治工作是维护社会公共安全、保护人民群众生命财产安全、保护和恢复地质环境的基础性工作，是生态文明建设的重要内容，更是惠及群众的德政工程、民心工程，任务艰巨、责任重大、使命光荣。让我们以党的十八大精神为指引，锐意进取，扎实工作，全力避免和减少地质灾害造成的损失，为全面建成小康社会作出新贡献！

谢谢大家！

汪民副部长在第三届世界滑坡大会开幕式上的致辞

（2014 年 6 月 3 日，北京）

各位来宾，女士们，先生们：

大家上午好！

今天，我们在北京相聚，举行第三届世界滑坡论坛，这是国际地质灾害防治领域的一次盛会。在接下来的四天里，来自世界各地的众多嘉宾和专家将围绕"减轻滑坡风险，构建安全的地质环境"这一主题，共同探讨如何进一步加强地质灾害防治、保护人民群众生命财产安全，意义重大。在此，我代表中华人民共和国国土资源部，代表中国地质调查局，对本届论坛的召开表示热烈祝贺，向出席论坛的各位嘉宾和代表表示诚挚的欢迎！

地质灾害是人类社会面临的最频繁、影响最严重的自然灾害之一，受到全世界普遍关注。中国人口众多，可利用土地资源相对较少，有相当一部分人生活在山地、丘陵等地质灾害易发区。受极端天气和全球气候变化、地震、工程建设等影响，地质灾害易发、高发，给群众生命财产造成重大损失。过去 10 年中国共发生除地震以外的地质灾害 27.3 万起，造成 8400 多人死亡，直接经济损失 454.5 亿元。其中不乏规模大、损失重的灾害，如 2010 年 8 月 8 日，甘肃省舟曲县城遭受特大山洪泥石流，造成 1700 多人死亡和失踪。目前，中国仍有各类地质灾害隐患点 29 万多处，严重威胁到 400 多个城镇、上万个村庄的安全和一些重大工程的正常运行。

中国政府高度重视地质灾害防治工作，国土资源部作为中国政府主管地质灾害防治的部门，负责中国境内除地震以外的崩塌、滑坡、泥石流、地裂缝、地面沉降等地质灾害的防治工作。我们始终坚持以人为本的执政理念，把地质灾害防治工作列入重要议事日程，通过制定法律法规、出台规范性文件、加强防灾能力建设、强化政府绩效考核等途径，凝聚各级政府、相关部门和社会各界力量，全面开展防治工作。**一是**通过健全组织机构、组建专家队伍、完善法规制度，实现防灾减灾体系全覆盖。全国共有 20 个省（区、市）、161 个市（地、州）、990 个县（市、区）建立了地质灾害应急管理机构，26 个省（区、市）、171 个市（地、州）、420 个县（市、区）建立了地质灾害应急技术指导机构；**二是**通过分级确定隐患点、开展基层地质灾害防御能力建设、防治业务培训、加强防灾知识宣传教育，实现监测网络全覆盖。以县为单元全面完成全国1：20万地质灾害普查，完成1：5万地质灾害详查的县达到645个，完成勘查工作的地质灾害隐患点10314处；**三是**通过开展地质灾害气象预警预报、严格执行监测巡查制度、完善各级地质灾害应急预案，实现预警预报全覆盖。全国已有31个省（区、市）、323个市（地、州）、1880个县（市、区）建立了地质灾害气象预警体系；**四是**通过扎实做好信息化建设基础工作、开展监测预警技术方法研究、推进应急响应系统建设，实现防灾信息全覆盖。每年全国组织地质灾害应急演练数万次，参与人数几百万人。全国共有近30万名地质灾害监测员对隐患点进行实时监测；**五是**通过专业队伍普查详查、专家驻守指导与群众排查巡查核查相结合，实现专群防治全覆盖。全国共有地质灾害应急专家近3000名。**六是**彻底消除一批重大地质灾害隐患，每年全国各级财政投入地质灾害防治资金近200亿元，主要用于搬迁避让和工程治理。近十年来，全国共临灾避让地质灾害15000多起、53万余人成功避险，防灾减灾效果十分明显。

值得特别指出的是，在三峡大坝所在的湖北省和重庆市三峡库区，我们用近十年时间，中央政府投入100多亿元资金，对因建设三峡水库引发或影响三峡水库蓄水的地质灾害进行集中防治，共治理滑坡371处，高切坡2874处，库岸防护180千米，搬迁避让69995人，其中包括链子崖危岩体、黄腊石滑坡等一批世界级治理工程，切实保护了三峡库区百余座城镇、数百万群众生命财产安全，保障了三峡水利枢纽的正常运行，保护和改善了当地地质环境和生态环境，取得了显著的社会效益，该地区已连续12年未发生造成人员伤亡的地质灾害。此外，在四川、云南等西南山区，特别是汶川地震、玉树地震、芦山地震等重特大地震灾区，中国政府投入了大量资金，完成了大量的防治工程。这些地方是中国地质灾害防治工作的主战场，在防治管理和工程治理等方面积累了很多好的经验和做法。当然，我们的工作还有许多值得总结和需要提高的地方。这次论坛安排了相关考察，希望大家提出宝贵的意见和建议。

当前，中国政府正在实施全国地质灾害减灾防灾战略规划，到2020年，将全面建成地质灾害调查评价体系、监测预警体系、防治体系和应急体系，基本消除重大地质灾害隐患点威胁，使灾害造成的人员伤亡和财产损失明显减少。我们将重点加强以下工作：

一是开展地质灾害隐患调查和动态巡查。以县为单元在全国范围全面开展地质灾害调查评价，对可能威胁城镇和村庄的重大隐患点进行详细勘查，对重点防治区域每年开展汛前排查、汛中检查和汛后核查，及时消除灾害隐患，并将排查结果及防灾责任单位及时向社会公布。

二是加强地质灾害监测预警。加快构建信息共享平台，健全预报会商和预警联动机制，完善国家应急广播体系，充分利用广播、电视、互联网、手机等媒体，及时将灾害风险预警信息传递给受威胁群众，增强监测员识灾报灾、监测预警和临灾避险应急能力。

三是规避灾害风险。开展工程建设地质灾害危险性评估，合理确定项目选址布局，避让危险区域。科学制定防灾避险方案，设立预警信号、疏散路线及临时安置场所等。把地质灾害防治与扶贫开发、生态移民、城镇建设等有机结合，为搬迁群众提供长远生产、生活条件。

四是大力开展防治。加快重大地质灾害工程治理，特别要加快三峡库区等重点地区的地质灾害防治。统筹地质灾害防治、矿山地质环境恢复、生态环境治理等工作，切实提高地质灾害综合治理水平。

五是强化应急救援。加强应急救援体系建设。完善突发地质灾害应急预案。建设完善应急避险场所，加强必要的生活物资和医疗用品储备，定期组织应急预案演练。强化基层地质灾害防范。提高各应急单元协调联动和科学处置能力。做好突发地质灾害的抢险救援。

加强灾害风险管理，应对全球气候变化，尤其是做好地质灾害防治、减少重大突发地质灾害带来的损失和影响，需要国际社会共同努力。我们殷切期望进一步增强与国际同行和组织的交流。

一是加强地质灾害防治工作交流。充分发挥政府部门、科研机构和非政府组织的优势，通过定期会晤、学术论坛、网络等渠道，增进各国对地质灾害防治工作的相互了解，为人才培养、重大防治项目实施、跨界重大灾害应急处置等创造良好条件。

二是围绕重点难点开展技术合作。合作开展高陡峭地形条件下高速远程滑坡、受大幅水位波动影响涉水滑坡等防治理论和技术方法研究，共同开展极端、异常气象条件下地质灾害监测预警理论研究和设备开发，积极提升对频繁发生和普遍存在的重大灾害的防治水平。

三是加强相互间的支持。地质灾害多发易发地区，往往是经济欠发达的高山峡谷区、极端气候影响区，全球发展中国家大多数属于这样的地区，地质灾害防治技术基础大多较为薄弱，不同国家之间也都有各自独到的治理经验和防治技术，需要进一步加强相互支持，共同提升防治水平。

女士们、先生们！有效防治地质灾害事关群众生命财产安全和社会发展进步，我们愿与大家，愿与世界各国和国际社会一道，携手共进，共同分享防灾减灾技术和经验，共同应对地质灾害的挑战，有力推动防治水平的提升，促进人与环境的和谐发展！

祝论坛圆满成功！

谢谢大家！

汪民副部长在云南省地质
灾害防治工作会商会上的讲话

内部情况通报　第 35 期

（2014 年 7 月 13 日，根据录音整理）

　　最近一段时期，云南省连续发生几起地质灾害。中央领导同志高度重视，李克强总理、张高丽副总理连续作出重要批示，我们这次来，就是按照中央领导同志批示精神和大明部长的要求，与省里进行会商，进一步推动和加强云南省地质灾害防治工作。刚才听了情况介绍，感到云南省委省政府对地质灾害防治高度重视，采取了一系列有力措施，开展了大量富有成效的工作。今年入汛以来，在省委省政府统一领导下，云南各地迅速行动，扎实开展各项减灾和抢险救灾工作，妥善安置受灾群众，防治工作有序、有力、有效。

　　目前，正值汛期，是地质灾害的高发期和防治工作的关键时期，云南各级国土资源主管部门要将汛期地质灾害防治工作作为重中之重，领导要重视，组织要落实，经费要保证，责任要明确，措施要到位，最大限度地避免和减少地质灾害造成的损失。

　　一是深化认识，进一步把握地质灾害防治工作的复杂性和重要性。地质灾害难识别、难预测、难防治，且动态变化大，成因机理复杂，具有很强的隐蔽性和突发性。云南省是我国地质灾害极端严重的省份，灾害点多面广，威胁着人民群众生命财产安全，影响经济社会发展大局，防治工作任务十分繁重，防治工作极为重要。对此，我们要进一步提高思想认识，尤其是基层单位，地质灾害的发生往往是多年不遇，对地质灾害的突发而来、瞬间发生的危害性，还缺乏认识，需要着力有针对性地提高基层干部和广大群众的防灾减灾意识。同时，还要认识到，地质灾害防治工作具有很强的专业性，必须依靠科学和专业技术力量，防止简单利用行政手段推进工作的做法。面对当前严峻的防灾形势，我们一定要有充分的思想准备、组织准备和工作准备，牢固树立"防大汛、抢大险、救大灾"的思想，坚决克服懈怠心理和侥幸麻痹思想，始终保持如履薄冰、如临深渊的忧患意识，把问题估计得更充分一些，把措施制定得更周全一些，把工作做得更扎实一些，一旦遇到灾害要沉着冷静、有序应对。

二是突出重点，进一步全面落实、切实履行地质灾害防治职责。要按照《地质灾害防治条例》和《国务院关于加强地质灾害防治工作的决定》，按照政府统一领导、部门分工协作和分类分级的管理原则，切实履行国土资源主管部门组织、协调、指导和监督职责，协助地方政府将铁路公路沿线、旅游区、中小学校舍、建设工地、工矿企业等地质灾害防治相对薄弱地方的防治责任落实到位。

三是抓住薄弱环节，进一步强化汛期各项防灾措施。全面开展隐患排查，要依靠专业力量，依靠科技进步，隐患点的确定要由具有资质的队伍来专门认定，出具证明，对重大隐患要集中会诊、专业诊断。要坚持雨前排查、雨中巡查、雨后复查，动态监控威胁人员财产安全隐患点变化情况；与相关部门密切配合，掌握雨情、水情、震情，及时发布预警预报信息；加大对重点地区工作督促指导检查力度，确保责任到位、措施到位、防范到位。

四是完善措施，进一步增强应急处置能力，完善落实信息预报"最后一公里"。加强应急值守，及时报送信息，尽最大可能避免人民群众生命财产损失。接到险情和灾情报告后，第一时间赶赴现场，协助地方划定危险区，撤离人员，杜绝群众和抢险救灾人员二次伤亡，严防死守避免出现大的伤亡。做好与武警黄金部队等应急救援机构的沟通联络，提高应对重大灾害的快速响应能力、协同作战能力。

五是进一步开展好防治知识宣传教育培训活动。要对所有群测群防员进行全面培训，帮助他们灾情预报、临灾自救互救能力不断提高，要会预测、懂应急、善宣传。要按照部里的要求，充分利用避险成功和造成人员伤亡等正反面的例子，采取多种形式和方式，加大科普宣传力度，增强广大干部群众的防灾减灾意识和临灾自救、互救能力，特别是树立受威胁群众地质灾害防治关系切身利益的意识，实现"要我防"到"我要防"的防灾观念转变。

借此机会，我再强调一下关于推进云南省地质灾害综合防治体系建设的有关工作。

2013年起，中央财政每年下达10亿元特大型地质灾害防治专项资金，加上云南省自筹的10亿元，每年20亿元用于云南省地质灾害综合防治体系建设，要把这笔来之不易的资金用好、管好，确保体系建设科学、有序、高效推进，推动云南省地质灾害防治工作迈上新台阶。

一是认真编制年度防治项目实施方案。要按照省人民政府印发的地质灾害综合防治体系建设实施方案，会同相关部门，按照轻重缓急原则，认真编制年度防治项目实施方案，治理、搬迁、群测群防要合理安排，要突出重点，按照人多人少、所处位置、灾害类型合理安排实施方案，确保防治工作取得实效。工程治理、搬迁避让要更加精准。

二是科学评估防治工作成效。要在制定防治项目管理相关制度和管理办法的同时，制定包括地质灾害威胁人口减少数等可量化的指标体系，对年度防治项目实施情况进行科学评估，确保综合防治体系建设实施方案提出的近期和远期目标的顺利实现。

三是及时报送防治工作相关情况。云南省作为中央财政重点支持综合防治体系建设的省份，要积极探索，总结经验，及时报送防治工作信息，包括年度项目实施方案及防治工作进展情况等，国土资源部和财政部将对云南省防治工作实施情况进行评估，以推进云南省和全国地质灾害防治工作。

我们相信，在中央的关心下，在省委省政府强有力领导和大家共同努力下，云南省地质灾害防治工作一定能取得预期目标。

汪民副部长在汛期地质灾害防治工作再动员再部署会上的讲话

内部情况通报 第 41 期

（2014 年 8 月 13 日，根据录音整理）

同志们：

刚才，应急办崔瑛同志介绍了今年以来地质灾害防治工作情况。总的看，在党中央、国务院正确领导下，地方各级党委、政府高度重视，各级国土资源主管部门积极努力，今年的防治工作取得了很好的成效，最大限度地保障了人民生命财产安全。下面，我讲几点意见。

一、今年以来地质灾害防治工作成效显著

今年 1～7 月份，与去年同期相比，地质灾害发生数量、造成的死亡失踪人数和造成的直接经济损失分别减少了 20.2%、56.8% 和 59.6%；其中，死亡失踪人数和造成的直接经济损失降低比例远远大于灾害数量降低比例。1～7 月全国共成功预报地质灾害 244 起，避免人员伤亡 23204 人，避免直接经济损失 4.9 亿元。

这些成绩的取得，首先得益于中央的高度重视，李克强总理、张高丽副总理、汪洋副总理、杨晶国务委员、王勇国务委员等国务院领导同志多次对地质灾害防治工作做出重要批示。李克强总理在"京津冀未来三天将有强降雨江淮江南未来一周将有持续性强降雨"上批示"要根据职责分工做好应对灾害叠加的预案，加强对地方指导，全面排查隐患，严加防范由此引发的洪涝、地质灾害以及各类安全事故，确保人民群众生命财产安全"，张高丽副总理在"云南省怒江州福贡县发生泥石流灾害造成 17 人失踪"上批示"请国土资源部指导配合地方抓紧搜救遇险人员，采取有效措施防止发生次生灾害，切实保护群众生命财产安全"。部党组把地质灾害防治工作摆在突出位置，大明部长多次对地质灾害防治工作做出指示批示，亲自部署，要求我们高度重视，情况要明、措施要实、力度要大。云南鲁甸地震灾害发生后，大明同志陪同国务院领导赴灾区一线，对震区地质灾害防治工作给予指导。部机关相

关司局、地调局、应急中心等各有关单位派出工作组分赴各省进行监督指导，各级国土资源主管部门切实履行职责，最大程度避免和减少了人民生命财产损失，地质灾害防治工作取得显著成效。这些成绩来之不易，我们要倍加珍惜。

二、地质灾害防治形势依然严峻

我国是世界上地质灾害最严重、受威胁人口最多的国家之一，地质灾害隐患多、分布广，且隐蔽性、突发性、破坏性强，加上受极端天气、地震、工程建设、人类活动等因素影响，地质灾害多发频发，给人民群众生命财产造成损失，地质灾害防治将是一项长期、重要、复杂的工作。

根据以往经验，每年7~9月是我国地质灾害高发期，也是挽救人民生命财产安全的关键时期。从数据统计看，今年5月份共发生地质灾害876起。进入6月，灾情陡然加剧，全国共发生地质灾害3995起，造成58人死亡失踪；7月全国共发生地质灾害2210起，造成134人死亡失踪，直接经济损失13亿元。受强降雨影响，7月仅云南一省就造成78人死亡失踪，这在全国相对较为平稳的背景下显得比较突出。总的看，当前地质灾害发生呈明显加重趋势，防灾减灾形势不容乐观。特别是西南山区、三峡库区、汶川地震灾区等重点地区，需要严加防范。尤其是云南鲁甸震区，考虑到该地区本身就是地质灾害易发区，加之这次地震造成山体松动、岩石破碎，崩塌、滑坡、泥石流等地质灾害将严重影响抢险救灾和恢复重建工作，我们务必要高度重视，严加防范。

三、认真落实职能，确保地质灾害防治工作到位

8月9日，四川甘孜州丹巴县东谷乡成功避让1起泥石流灾害，转移1521人，避免225人伤亡，李克强总理批示"国土资源部要继续加强对重点地区的监测及避险工作，推广成功经验"。这既是对我们工作的充分肯定，也是对我们工作更加严格的要求。这次会议的主要任务，就是按照中央领导的批示精神和大明部长的要求，对汛期地质灾害防治工作再动员、再部署，组织七个工作组深入到地质灾害防治重点地区检查指导工作，总结以往经验，找出不足，指导地方把今后工作做得更好。要确保达到以下目的：

一是总结经验。国土资源部成立以来，尤其是《国务院关于加强地质灾害防治工作的决定》出台后，各地地质灾害防治工作取得重大进展。多年来，各地在地质灾害防治、应急演练、突发避险、监测预警、宣传教育、隐患排查等方面都有一些非常好的经验，需要我们认真总结，比较借鉴，结合本地实际进一步完善工作措施，做到社会动员、专业支撑。比如，7月30日，甘孜州乡城县正斗乡仁额村发生1起

泥石流灾害，因预报准确、避险及时，避免 73 人伤亡；8 月 9 日，四川甘孜州丹巴县东谷乡成功避让 1 起泥石流灾害，转移 1521 人，避免 225 人伤亡。这些成功经验我们要认真总结并加以推广，配合每年 6 ~ 9 月在全国集中开展的地质灾害防治知识宣传教育培训活动，提高群众防灾减灾意识和能力，更好地保护人民群众生命财产安全。

二是查找问题。在充分肯定成绩的同时，也要看到，当前地质灾害防治工作还有诸多薄弱环节。基层单位对地质灾害防治工作认识不深刻，省市单位对地质灾害防治工作认识不深入，推进工作手段单一，需要有针对性地提高基层干部和广大群众的防灾减灾意识，需要依托科技力量、专业力量开展相关工作；各部门联动机制不健全，铁路公路沿线、旅游区、中小学校舍、建设工地、工矿企业等地方地质灾害防治相对薄弱；地方政府快速响应能力、应急处置能力、协同作战能力亟待加强；广大干部群众的防灾减灾意识和临灾自救、互救能力有待提高。这些都需要我们加以重点关注。

三是指导工作。地质灾害难识别、难预测、难防治，且动态变化大，成因机理复杂，具有很强的隐蔽性和突发性。这些特点和规律决定了地质灾害防治工作既需要群测群防，又需要专业监测。作为地质灾害防治主管部门，尤其要注意加强对地方的专业和技术指导。要加强对各地经验的宣传，把好的做法和经验宣传开来，认真落实监督和指导职能，发挥自身管理和专业优势，尽最大努力帮助地方开展地质灾害防治工作，推动全国地质灾害防治工作再上新台阶。要进一步指导地方深入贯彻落实《国务院关于加强地质灾害防治工作的决定》，推动"四大体系"建设，严格落实汛期各项防灾措施，强化重点地区防治工作，全力做好应急处置工作。

去年，我部署了地质灾害防治高标准"十有县"建设工作，以持续深入提升基层防治能力，今年还将公布第一批高标准"十有县"名单。目前，各地都已启动建设工作，并结合本地实际制定了推进措施，部分省份已经上报了高标准"十有县"名单，工作组要对这项工作加强督导。

同志们，目前"七下八上"主汛期已经基本结束，但对于地质灾害防治工作来说，压力远远没有降低。我们要时刻保持高度警惕，始终保持如履薄冰、如临深渊的心态，扎实地推进地质灾害防治工作。相信经过我们的共同努力，一定能打赢本年度这场攻坚战。

希望大家这次到地方去，要轻车简从，严格遵守中央八项规定和相关要求，保持良好的中央国家机关形象。祝大家工作顺利！

第二部分　下发文件

国土资源部关于受理地质灾害危险性评估和地质灾害治理工程勘查设计施工监理单位申请甲级资质的公告

2014 年第 1 号

根据《地质灾害防治条例》（国务院令第 394 号）和《地质灾害危险性评估单位资质管理办法》（国土资源部令第 29 号）、《地质灾害治理工程勘查设计施工单位资质管理办法》（国土资源部令第 30 号）、《地质灾害治理工程监理单位资质管理办法》（国土资源部令第 31 号）的规定，现将受理甲级资质申请有关事项公告如下：

一、申请材料

1. 甲级资质申请报告（内容包括对注册资金、人员、业绩、设备、工作质量、业务培训、业务手册和管理制度等的说明）。

2. 国土资源部令第 29 号、第 30 号和第 31 号规定的申请甲级资质要求提交的相关材料。

3. 申请资质所列技术及管理人员需附有参加地质灾害业务培训的培训证书。

4. 资质升级申请表、报盘软件、纸质文档和电子文档报送要求，请在国土资源部门户网站（http://www.mlr.gov.cn，"下载服务 - 软件 - 地质灾害软件"版块）下载。报盘软件和报送要求有更新，请务必按更新内容报送材料。

二、报送时间和地点

申请甲级资质的单位应在公告发布之日起至 2014 年 3 月 21 日期间，将申请材料提交到国土资源部政务大厅（北京市西城区阜内大街 64 号）。

三、联系单位及方式

地质环境司：010-66558575　66558321

政务大厅：　010-66558738

2014 年 1 月 17 日

国土资源部办公厅关于做好 2014 年地质灾害防治工作的通知

国土资厅发〔2014〕6 号

各省、自治区、直辖市及副省级城市国土资源主管部门，新疆生产建设兵团国土资源局，武警黄金指挥部：

为深入贯彻落实党的十八大、十八届三中全会精神和《国务院关于加强地质灾害防治工作的决定》（国发〔2011〕20 号，以下简称《决定》），现就做好 2014 年地质灾害防治工作通知如下：

一、切实履行地质灾害防治工作职责

地质灾害防治是维护社会公共安全、保护人民群众生命财产安全、保护和恢复地质环境的基础性工作，是生态文明建设的重要内容。各级国土资源主管部门要以党的十八大、十八届三中全会精神为指引，将地质灾害防治工作摆在国土资源管理的重要位置，以高度负责的社会责任感和历史使命感，扎实做好防治工作，努力保护人民群众生命财产安全。要深入贯彻落实《决定》，建立健全地质灾害调查评价体系、监测预警体系、防治体系、应急体系，积极推进防治机构建设，加大防治投入，加强防治宣传，强化督促指导，全面提高地质灾害防御能力。要努力健全完善各级地质灾害应急管理和技术指导机构，加强地质灾害应急专家队伍建设与人才培养，加强地质灾害应急专业装备配备。

二、深入开展高标准"十有县"建设

地质灾害防治高标准"十有县"建设，是提升基层防治能力的重要手段。省级国土资源主管部门要按照《国土资源部办公厅关于开展地质灾害防治高标准"十有县"建设工作的通知》（国土资厅发〔2013〕43 号）要求，在认真总结地质灾害群测群防"十有县"建设工作经验的基础上，结合地区实际制定相应的政策支持措施，全力推动县级人民政府开展高标准"十有县"建设。要研究适合本地区的建设模式，着力提升建设工作的针对性和实效性。部将在今年四季度公布第一批高标准"十有县"名单，并在今后安排项目、资金时向建设工作较好的地区倾斜。

三、严格落实地质灾害防治各项措施

各地要总结研判重点防治灾害类型、重要区位和重要时段，根据汛前、汛期和汛后的工作节奏，督促指导市、县落实防治措施。一是出台年度地质灾害防治方案。会同同级建设、水利、交通等部门依据地质灾害防治规划，拟订年度地质灾害防治方案，报本级人民政府批准后公布。二是汛前全面开展隐患排查，坚持雨前排查、雨中巡查、雨后复查，动态监控威胁人员财产安全隐患点变化情况。三是与相关部门密切配合，掌握雨情、水情、震情，及时发布预警预报信息，及时派出专家指导和驻守。四是全面开展督促检查，推动相关管理部门和防治主体落实防灾责任和防治措施，督促建设、开发主体严防不合理工程活动引发的灾害，确保施工人员的安全。五是在工程建设中严格落实地质灾害危险性评估制度，配套地质灾害治理工程的设计、施工、验收与主体工程的设计、施工、验收同时进行，切实避免人为活动引发的地质灾害。六是要进一步加强落实地质灾害群测群防网络建设，进一步完善汛期监测、巡查、值班、速报等制度。对城镇等人口密集区上游易发生滑坡、泥石流的高山峡谷地带加密部署气象、水文、地质灾害专业监测设备，尽快弥补监测盲区。七是要加强预警信息发布手段建设，充分利用各种手段及时发布地质灾害预警信息。

四、加强重点地区和重点时段防治工作

三峡库区要强化长江干支流两岸、集镇、公路沿线的崩塌、滑坡等地质灾害防治。湖北、重庆两省市国土资源主管部门要根据三峡后续工作要求做好年度项目实施方案编制，按照部和省市政府的安排部署，做好长江三峡整体验收中的地质灾害防治专项竣工验收工作。四川汶川、芦山，青海玉树和甘肃岷县、漳县等地震灾区，要严防松散堆积物在降雨条件下形成的泥石流和地形陡峻部位的滑坡、崩塌等地质灾害。西南强降雨地区要关注潜在的滑坡、泥石流隐患点和岩溶塌陷灾害的防治避让。东南沿海地区要警惕台风造成的暴雨引发崩塌、滑坡、泥石流等突发性地质灾害。北方地区要特别警惕春季融雪、融冰可能引发的崩塌、滑坡等灾害。城镇要加强对高陡边坡、危岩的监控，严防地质灾害造成群死群伤事故。

五、全力做好应急处置工作

地方各级国土资源主管部门要进一步完善应急工作制度，充分发挥专业技术队伍和专家作用，积极主动协助地方政府做好灾情、险情应急处置工作。一是加强应急值守，及时掌握灾情、险情，及时报送信息。二是做好应急处置，接到险情和灾情报告后，第一时间赶赴现场，指导做好抢险救灾工作。三是积极主动做好灾情、险情调查评估工作，协助地方划定危险区，撤离人员，避免群众和抢险救灾人员二次伤亡。四是加强宣传演练，使隐患点周边群众熟悉撤离信号、路线和避险场所。五是做好与武警黄金部队等应急救援机构的沟通联络，完善应急救援体系，增强应急能力。

六、大力开展宣传培训演练活动

2014年是《地质灾害防治条例》实施十周年，地方各级国土资源主管部门要充分利用地球日、"5·12"防灾减灾日等机会，开展相关主题宣传活动。充分利用各种渠道广泛宣传普及地质灾害防灾基本知识，组织隐患点周边群众至少开展一次应急演练活动，对群测群防监测员、地质灾害防治管理干部和监测责任人开展业务培训，努力做到宣传培训演练工作对相关人员全覆盖，使地质灾害防治法规制度和防灾减灾技能深入人心。

七、推动防治行业健康发展

各地要继续推动建立地质灾害防治中介机构，鼓励中介机构组织开展行业监督、标准制定、人员培训、技术推广、技术咨询、科学普及、学术交流等工作，提升防治技术水平，促进行业健康发展。各有关省厅（局）要积极支持中国地质灾害防治工程行业协会组织开展标准规范编制工作，按时保质完成工作任务。

2014年是十八届三中全会后的第一年，是建立健全地质灾害防灾减灾体系和实施《全国地质灾害防治"十二五"规划》的关键之年，做好地质灾害防治工作具有特别重要的意义。地方各级国土资源部门务必在思想上高度重视，工作上认真研究，行动上狠抓落实，不断提升地质灾害防治社会管理和公共服务能力和水平，为全面建设小康社会做出新的贡献。

2014年3月12日

国土资源部关于开展
地质灾害防治工作检查的通知

国土资电发〔2014〕8号

各省、自治区、直辖市及副省级城市国土资源主管部门，新疆生产建设兵团国土资源局：

为贯彻落实党中央、国务院关于加强地质灾害防治工作的总体要求，根据国家防总关于成员单位开展防汛抗旱检查工作的通知和部重点工作安排，部决定4月至5月中旬开展全国地质灾害防治工作检查。现就有关事项通知如下：

一、检查内容

（一）各地贯彻落实《国务院关于加强地质灾害防治工作的决定》（国发〔2011〕20号）情况，汛期地质灾害防治工作的准备情况。

（二）今年以来地质灾害发生情况，重要隐患点、重要区域防灾措施落实情况，指导督促各地落实防灾责任制、编制防治方案、发放防灾明白卡等工作。

（三）基层地质灾害防治能力建设情况，地质灾害防治高标准"十有县"建设和重大地质灾害防治项目落实情况。

二、组织实施

（一）各地自查。各地要抓紧组织开展本地区地质灾害防治工作的自查。重点加强对在建工程、工矿企业、交通干线、中小学校、人员居住集中区等重点区域的检查指导，确保责任到位、措施到位、宣传到位。特别是地震高发地区要进一步完善生命线工程周边重大地质灾害隐患点的防灾预案，强化责任落实，加强应急演练，提高防大灾的能力。

（二）部抽查。5月，由部领导、环境司负责同志带队的工作组，将结合工作安排赴三峡库区、地震灾区、西南山区、西北黄土地区和东南季风影响区等地进行抽查调研。具体安排将由部环境司提前与相关省厅联系。

三、其他事项

请各地将自查情况形成文字材料，5 月 20 日前报部环境司，并发电子文档至 wzshen@mail.mlr.gov.cn。

联系人及电话：沈伟志 010–66558321　66558316（传真）

国土资源部

2014 年 3 月 27 日

关于进一步加强汛期地质灾害防治工作检查与指导的函

国土资应急办函〔2014〕4号

各省、自治区、直辖市国土资源主管部门，中国地质调查局，国土资源部地质灾害应急技术指导中心：

　　各地相继入汛，广东、广西、江西、湖南等地已经历强降雨过程，党中央、国务院领导就强降雨引发地质灾害多次作出重要批示。我部高度重视，部领导要求认真落实党中央、国务院领导批示精神，切实指导地方做好地质灾害防范工作。为进一步加强检查和指导，经研究，决定成立部汛期地质灾害防治工作检查组，在汛期不定期对各地进行检查和指导，尤其是对强降雨区、三峡库区、地震灾区、西南山区、西北黄土地区和东南季风影响区地质灾害防治工作进行检查指导。现就有关事项通知如下：

一、检查指导内容

　　（一）各地贯彻落实《国务院关于加强地质灾害防治工作的决定》（国发〔2011〕20号）情况，汛期地质灾害防治工作的准备情况。

　　（二）今年以来地质灾害发生情况，重要隐患点、重要区域防灾措施落实情况，指导督促各地落实防灾责任制、编制防治方案、应急演练、宣传培训、发放防灾明白卡等工作。

　　（三）基层地质灾害防治能力建设情况，地质灾害防治高标准"十有县"建设和重大地质灾害防治项目落实情况。

　　（四）隐患排查情况，极端事件准备情况，重要地质灾害灾情、险情处置情况。

二、检查指导组成员

　　第一组：柳源、李铁锋、王支农、徐永强；

第二组：陈小宁、唐灿、陈红旗、魏云杰；

第三组：田廷山、薛佩瑄、吕杰堂、连建发；

第四组：殷跃平、胡杰、石菊松、徐维盈；

第五组：刘传正、沈伟志、温铭生、殷志强；

第六组：侯春堂、李晓春、卓弘春、王文沛；

第七组：关凤峻、李玉泉、段晓康、肖建兵。

部应急办将根据工作需要，具体安排各组的出动时间和地点，并负责联系相关省（区、市）国土资源主管部门。请各省（区、市）国土资源主管部门做好相关准备。

2014 年 5 月 14 日

国土资源部关于开展地质灾害防治知识宣传教育培训活动的通知

国土资电发〔2014〕20 号

各省、自治区、直辖市及副省级城市国土资源主管部门，新疆生产建设兵团国土资源局：

为贯彻党的十八大、十八届三中全会精神，落实党中央、国务院领导同志关于地质灾害防治工作的重要指示和批示精神，深入实施《国务院关于加强地质灾害防治工作的决定》（国发〔2011〕20 号），进一步加强地质灾害防灾减灾体系建设，提高基层地质灾害防御能力和受威胁群众保护自身安全能力，部决定从 2014 年到 2016 年，每年 6 月 1 日至 9 月 30 日期间在全国集中开展地质灾害防治知识宣传教育培训活动，现将有关事项通知如下：

一、目的意义

通过防灾知识的集中宣传教育培训活动，增强地质灾害多发易发地区广大干部群众的防灾减灾意识和临灾自救、互救能力，特别是要树立广大人民群众地质灾害防治关系切身利益的意识，实现"要我防"到"我要防"的防灾观念转变，从而避免和减轻地质灾害造成的损失，为构建和谐社会创造人与自然和谐的条件，为经济社会发展提供地质安全保障。

二、培训对象

以我国地质灾害多发易发地区为重点地区，培训的主要对象为受地质灾害隐患点威胁的普通群众、中小学校师生、企业职工和外来务工人员，地质灾害易发区的基层干部、乡镇国土所人员、村组监测员。

三、培训内容

培训内容要根据实际需要具体确定，要有针对性，不求面面俱到。根据培训对象，可将下列全部或部分作为培训内容。主要包括：地质灾害发生发展的规律以及防治方面的知识、法律法规和要求；地质灾害防灾避灾、自救技能；在住房选址、工农业建设、矿产开采等活动中如何避开地质灾害危险区；群测群防体系建设，重大地质灾害隐患点应急演练；地质灾害防治高标准"十有县"建设等，也可根据实际确定其他培训内容。

四、组织形式

这次宣传教育培训活动由各省（区、市）根据地方实际，自行组织开展。各省级国土资源主管部门要主动联系相关部门，共同做好宣传教育培训活动。重点要指导协助各级政府做好受地质灾害隐患威胁群众的教育培训活动。指导协助教育部门做好对广大学校特别是位于山地丘陵区的中小学校的地质灾害防灾知识宣传活动。指导协助住房城乡建设部门着重宣传在工程建设中严格落实地质灾害危险性评估制度，配套地质灾害治理工程的设计、施工、验收与主体工程的设计、施工、验收同时进行；指导协助国有资产监督管理部门，加强对国有大中型企业项目现场防灾减灾教育培训；联合新闻出版广电部门，充分利用电视、广播、网络、报纸等各类媒体，宣传地质灾害防治知识。

各地要利用 2006 年全国农村地质灾害防治知识万村培训行动的成功经验，结合汛期地质灾害防治工作，结合汛前排查、汛中巡查和汛后复查，利用发放防灾明白卡和避险明白卡及防范强降雨天气等契机，开展地质灾害防治主题宣传教育培训活动。宣传教育培训方式可以多样化，既可通过集中授课、应急演练、座谈交流、巡回宣讲等形式，也可通过张贴海报、举办展览、发放资料、现场答疑等途径；既要通俗易懂、易于接受，又要群众喜欢听、听得懂、记得住，增强活动的教育性和实效性。培训师资要注意多元化，既可有专家、专业技术人员、管理人员，也要有基层干部、群测群防员，要特别注意请那些指挥过应急避险或应急演练的基层干部和经历过地质灾害的群众现身说法式的讲授。

五、其他事项

各地在教育培训活动中要加强宣传，扩大影响。部地质灾害应急技术指导中心作为此次宣传教育培训活动的技术指导单位，根据需要为各省（区、市）宣传教育培训活动派出专家或提供相关资料，也将会同中国国土资源报社等单位，在中央有关媒体上开展宣传活动。每年 10 月 10 日前，各省级国土资源主管部门要将地质灾害防治知识宣传教育培训活动的总结材料，作为每年汛期地质灾害防治工作总结的重要内容形成正式文件报部。

六、联系人及电话

国土资源部地质环境司：沈伟志 66558321 66558316（传真）

国土资源部地质灾害应急术指导中心：王支农 62129813

国土资源部

2014 年 5 月 19 日

关于报送国土资源部"十三五"地质灾害应急体系建设总体战略报告的函

国土资应急办函〔2014〕7号

国务院应急办：

根据《关于开展"十三五"应急体系建设总体战略书面调研的函》（应急办函〔2014〕7号）要求，我部组织相关单位认真分析、研究了全国地质灾害应急体系建设工作现状与下一步构想，形成了《国土资源部"十三五"地质灾害应急体系建设总体战略报告》，现随函报送，请审阅。

附件：国土资源部"十三五"地质灾害应急体系建设总体战略报告

2014 年 5 月 23 日

附件

国土资源部"十三五"地质灾害
应急体系建设总体战略报告

地质灾害应急与防治工作事关人民群众生命财产安全,历来受到党中央、国务院的高度重视。历届中央领导同志均多次对地质灾害应急与防治工作作出重要指示批示。党的十八大把生态文明建设纳入中国特色社会主义事业"五位一体"的总体布局,更加明确地提出了加强防灾减灾体系建设、提高地灾防御能力的要求。根据国务院应急管理办公室《关于开展"十三五"应急体系建设总体战略书面调研的函》(应急办函〔2014〕7号)的要求,我部组织相关单位对"十一五"以来的应急工作进行简要的总结分析,并拟定"十三五"期间应急体系建设总体战略。现将主要情况报告如下:

一、应急体系建设现状

我国地质灾害多发、频发、危害严重,应对地质灾害也一直是我部工作重中之重,我部在应急法律法规建设、应急体系建设、开展应急工作等方面取得显著进展。

(一)法规制度建设

国务院印发了《地质灾害防治条例》、《国家突发地质灾害应急预案》和《关于加强地质灾害防治工作的决定》等相关法律法规和文件,我部及相关部门、省(区、市)人民政府均制定了相应的配套法规和政策文件。各地共发布实施41项地质灾害防治法规规章、103项标准规范。

为加强地质灾害应急与防治管理工作,我部制定了《国土资源部重大突发地质灾害应急工作程序》和《国土资源部突发地质灾害应急响应工作方案》及一系列规章制度和业务规划规范,包括《信息速报制度》、《地质灾害日常应急工作制度》、《地质灾害应急专家管理办法》、《地质灾害气象预警预报工作要求(试行)》、《地质灾害应急演练导则(初稿)》和《国土资源部地质灾害应急技术指导中心业务发展规划》等,形成了一套成熟有效的工作程序。

建立了国家、省、市、县四级应急预案和防治规划体系,制定省级预案157件、市级预案325件、县级预案2131件。31个省(市、区)、253个市、1573个县将防治工作纳入政府绩效考核。

（二）组织机构建设

2011 年，经中央机构编制委员会办公室批准，国土资源部成立了地质灾害应急管理办公室和地质灾害应急技术指导中心。各省（区、市）也相继成立相关机构，已成立省级地质灾害应急管理机构 21 个、地质灾害应急技术支撑机构 26 个。地质灾害多发区的部分市、县也成立了相应的应急机构，已有 161 个市、990 个县建立了地质灾害应急管理机构，171 个市、420 个县建立了地质灾害应急技术支撑机构。

在全国范围内聘请了 200 名国土资源部地质灾害应急专家，形成了国家级应急专家队伍。为了地质灾害应急工作高效快速开展，形成了西北、西南、华南、东南、华北、中部和东北 7 个区片专家队伍，以指导地方地质灾害应急处置工作。各省（区、市）及地质灾害多发区的一些县市也都成立了专家组。目前，全国共有省级地质灾害应急专家 1853 名，市、县级专家近 3000 名。

组建了由 29.7 万余名群测群防监测员、来自近 3500 支专业队伍和 20 余万名技术人员组成的群专结合的地质灾害防御体系，达到了地质灾害隐患点监测全覆盖。

（三）应急能力建设

全面完成全国山地丘陵区地质灾害调查，完成 645 个县（市、区）1：5 万地质灾害详细调查，完成 10314 处隐患点勘查。在全国 31 个省（区、市）、323 个市（地、州）、1880 个县（市、区）建立了地质灾害气象预警体系。全国共有 29 个省（区、市）、208 个市（地、州）、1179 个县（市、区）设立了地质灾害防治专项资金，2013 年全国各级财政投入防治资金近 200 亿元。

发射了资源系列卫星，实现了 18 套视频会商系统远程联网，全国应急系统已装备无人机 38 架、应急调查车 70 辆、应急指挥车 4 辆、卫星电话 15 部、GPS 测量仪 137 台、地质雷达 5 部。地面应急三维监测、针对不同灾险情灾情的定点监测设备、无人机空中调查、监测和地下探测设备的研发和运用，提升了地质灾害应急的快速反应能力。

我部分别与教育部、交通部、铁道部、国家安全生产监督管理局联合下发通知，切实加强防范中小学校舍、公路沿线、铁路沿线、旅游区和国有大型企业厂矿区及重大工程区地质灾害。我部与国资委合作开展地质灾害监测，并在水利电力系统全面推广。

开展了地质灾害防治"十有县"、"五条线"、"五到位"建设，有效提升了市、县、乡、村组的防治能力，地方建设"十有县"1765 个。指导建立了中国地质灾害防治工程行业协会和 6 个省级行业协会。

宣传培训和应急演练是提高公众防灾减灾意识、落实各项防灾措施及有效减少人员伤亡的有力工具。我部利用专题讲座、案例分析、情景模拟、预案演练、对策研究等多种形式开展宣传培训和不同规模的地质灾害应急演练，每年培训人员达100多万。通过"万村培训行动"和"县、乡、村干部国土资源法律知识宣传教育"培训了300多万人，基层国土所"五到位"（评估、巡查、预案、宣传、人员）宣传活动培训了10万人。

二、公共安全形势分析

我国地质灾害整体基础条件差，防灾形势严峻。我国地质灾害高易发区面积约占国土面积1/3，达到300余万平方公里，地质灾害隐患点约29万处，威胁1800万人和4858亿财产的安全。尽管通过中央和地方财政资金的投入，威胁大中城市的地质灾害逐步减少，易发区居民防灾意识也得到了明显提高，但仍存在着巨大隐患，地质灾害应急防治的任务仍十分艰巨。

一是我国较为复杂的地质环境长期存在，而近年来极端气候事件频发，地震频发，由强降雨、地震诱发的滑坡、泥石流灾害高发，防灾形势严峻。**二是**我国山区仍有很多城、镇、村居民依然生活在地质灾害高易发区，地质灾害威胁没有完全消除，在快速发展和极端事件频发情况下高速远程滑坡频发，识别和监测难度大，易造成群死群伤。**三是**随着我国城镇化进程的加快，城镇基础设施建设力度加大，对地质环境影响加大，同时，地质灾害对城市和基础设施的危害日益增大。**四是**我国一系列重大工程的实施，特别上长江上游大型水电站的建设，在蓄水后水位大幅上涨或下降期间易形成灾害。**五是**党的十八大指出要加强防灾减灾体系建设，《国民经济和社会发展第十二个五年规划纲要》和《国务院关于加强地质灾害防治工作的决定》也明确要求建立地质灾害调查评价、监测预警、防治和应急体系，国家、社会和民众对地质安全需求显著提升。

三、存在的薄弱环节

我国地质灾害应急防治工作虽然取得一定成效，但地质灾害多发的趋势仍然存在，地质灾害应急防治的任务仍十分艰巨。目前主要存在如下薄弱环节：

一是经济社会发展对地质灾害调查、监测与防治提出了更高要求，需要进一步推进精细化调查、提高监测预警工作等级、加大对隐患点的综合整治；**二是**突发灾情险情应对经费投入略显不足，资金投入分散，没有专项经费支撑地质灾害应急响应、应急培训演练和群测群防；**三是**技术人员缺口较多，县级国土资源局专职地质环境管理人员偏少，很多县没有地质灾害应急响应工作的专业队伍，设备与技术支撑尚不到位；**四是**对地质灾害发生的规律性尚未完全掌握，地质灾害调查评价、监测、预警预报等的理论方法尚不成熟，卫星遥感、无人机等先进设备等在省、市一级还未推广，政府主导、部门联动、全民参与的科技创新模式尚未形成；**五是**防灾减灾应急工作机制亟需进一步健全，部门之间、部门内部的联动机制有待加强，建立信息畅通、协调有力、联动联防、运转高效的常态化地质灾害应急管理决策和协调机制刻不容缓。**六是**重要工程施工单位防灾意识需进一步增强，责任需进一步落实。

四、公共安全战略目标

在地质灾害防治区基本建成调查评价体系、监测预警体系、防治体系和应急体系，基本解决防灾减灾体系薄弱环节的突出问题，显著增强防御地质灾害的能力。全面建成主动防控与快速处置相结合的地质灾害应急体系。完成国家级中心、分中心以及省级应急队伍体系建设，专业技术人员、装备设备能够全面支撑地质灾害应急工作的需要，全面提升地质灾害应急处置能力。最大程度地避免和减轻地质灾害造成的人员伤亡和财产损失，实现同等致灾强度下因灾伤亡人数明显减少，年均因灾直接经济损失占国内生产总值的比例逐步降低，地质灾害对经济社会和生态环境的影响显著减轻，为构建和谐社会，促进社会、经济和环境协调发展提供安全保障。战略目标重点：

一是加强综合能力建设，全面提升地质灾害早期防范和应急处置能力，实现以"灾情"为主的应急处置向以"险情"为主的应急准备转变。**二是**避免群死群伤重大灾害事件。地质灾害防治的目的就是维护人民生命和财产安全，以人为本是科学发展观的核心。**三是**保障国家重大工程正常运转。在国家重大工程必要区段开展地质灾害监测，及时发现地质灾害危害。

五、应急体系建设总体设想

贯彻落实党的十八大精神和《国务院关于加强地质灾害防治工作的决定》。以全面建成主动防控与快速高效处置相结合的地质灾害应急体系为目标，以提高地质灾害应急能力为根本，以科技为支撑，以队伍建设、装备建设和基地建设为保障。提高我国地质灾害应急工作能力和水平。

（一）基本原则

1. 整合资源，发挥优势

依靠现有技术业务队伍，发挥地方专业队伍应急的区位优势，行业部门专业队伍的专业优势，部属专业队伍的人才技术优势，整合地质灾害防治技术装备资源，建立健全全国地质灾害应急业务体系。

2. 明确职责，全民参与

地质灾害应急工作应以当地政府为主，地方政府主要负责人是地质灾害防治第一责任人。相关行业部门应急队伍承担本行业部门的地质灾害应急工作。当地民众有参与地质灾害应急的义务，鼓励建立由不同专业人员组成的应急志愿者队伍。

3．关口前移，重心下沉

地质灾害应急工作重点逐步从被动处置向主动防控转变。注重监测预警和风险预测。部应急中心和大区分中心以建精为目标，省级应急中心以建实为目的，将应急工作主体落实到地方和基层。

4．强化基础，提升实力

提升地质灾害应急调查和处置、应急培训与演练、地质灾害气象预警预报等业务能力，建立应急制度和技术标准体系。加快配置、改造或研发必要应急装备，重点完善应急调查、应急监测预警、应急会商、应急处置装备和应急运输装备，逐步配备应急保障装备。

建设国家级地质灾害应急培训和应急演练基地，满足突发性地质灾害科学研究与示范宣传需求。

5．科技支撑，注重实效

充分利用数字、信息、物联网等现代科学技术和先进的专业设备，形成航天、航空、地面、地下全方位应急监测、预警、调查网络，建成快速高效的地质灾害应急业务体系。

（二）一案三制建设

1．地质灾害应急预案修编

开展预案制度建设。以规范化、标准化为手段，加强预案管理工作，提高预案及运行的科学性和有效性，建立预案工作制度、预案更新制度、预案技术标准等。

完善预案工作体系。预案建立在有效实体上，应急预案需要健全的应急工作体系，加强地质灾害应急体系建设，健全专门应急机构，建立专业应急队伍。

开展预案研究工作。加强应急预案研究工作，加强与科研院所合作，提高预案研究水平；开展国际交流，积极向美、日等预案体系相对成熟国家学习借鉴经验。

加强预案法制建设。建立健全应急预案相关法律法规，完善应急体系，保障应急预案执行到位，有法可循，有据可依，提高预案可操作性。

加强应急演练工作。充分重视地质灾害应急演练重要性和有效性，健全地质灾害应急演练工作机制和经费保障机制，建设地质灾害应急演练数字平台，最大限度提高群众临灾避险能力，降低地质灾害带来的人员伤亡和经济损失。

2．地质灾害应急法制建设

进一步明确地质灾害应急的各项制度和管理要求。建立各层级重大突发地质灾害应急工作程序和突发地质灾害应急响应工作方案，进一步明确责任主体，加强地质灾害应急工作保障。不断完善《地质灾害日常应急工作制度》、《地质灾害现场应急工作规定》、《地质灾害应急专家管理办法》、《地质灾害应急装备管理规定》、《地质灾害应急培训管理办法》、《地质灾害应急演练管理办法》、《地质灾害气象预警预报工作要求》、《地质灾害应急演练导则》等相关规定，完善应急法制体系。

3. 加强部门联动机制

进一步加强与气象、水利、地震、交通、铁路、教育、旅游等部门的联系及信息共享，提高对地震、洪水、台风等可能引发地质灾害的研判能力。建立统一协调、反应灵敏的应急管理协调联动机制，保障应急工作的迅速、高效、有序开展。

（三）应急业务能力建设

主要包括地质灾害监测预警、灾情值守速报、应急调查处置、应急信息平台、科学研究及标准化。到2020年，大幅提高专业应急水平，搭建应急技术联盟，广泛提高社区防灾减灾能力。

1. 地质灾害监测预警

加强全国地质灾害预警预报工作，建立以县（区、市）为基础单元的全国地质灾害综合预警和信息发布平台。加强地质灾害应急监测预警能力建设，建立快速监测、自动传输、快速评判、高效预警的应急监测预警平台。提高地质灾害气象预警信息发布能力，利用广播、电视、短信等多种媒体和手段，发布地质灾害预警和应急信息。深化合作机制，建立包括测绘在内的国土资源、气象、水利等部门的应急监测预警信息共享平台。加强地质灾害易发区的监测预警示范区建设，到2020年，建立50处地质灾害监测预警示范区。

2. 地质灾害值守速报

加强地质灾害值守速报工作。不断完善值守程序、内容和方法。利用现代科学技术，建立全国灾情险情直报系统和智能化应急值班系统。健全与水利、气象、地震等部门的灾情险情信息共享机制，提高对地震、洪水、台风等可能引发次生地质灾害的研判能力。提高地质灾害应急值班工作的能力和水平，做到灾情险情信息上报及时、准确。按时编报地质灾害灾情险情报告，定期编制全国地质灾害通报（包括年报、季报和月报）。到2020年，基本实现国家级、易发区省级灾情直报，基本实现智能化的应急值守。

3. 地质灾害应急调查处置

加强易发区汛期地质灾害调查排查技术指导。建设重大地质灾害专家巡查技术体系。推广应用高分辨率国产卫星数据和先进探测技术方法，建立天空地一体化的灾情险情快速识别评估系统，及时更新地质灾害隐患信息。加大应急防治技术方法储备和装备建设配置，提高抢险救灾地质安全保障。开展典型地质灾害案例总结评估和预案效果评估。建设应急专家库、案例库和处置方案库，研发推演系统，提升重大地质灾害应急决策辅助水平。进行全国地质灾害应急调查处置资源区划，编制调查处置技术指南。到2020年，在大部分地质灾害易发区，基本建成重大地质灾害应急调查处置系统，形成100处应急减灾示范社区。

4. 地质灾害应急信息系统

利用国土资源遥感监测"一张图"成果和易发区水工环调查数据，建立健全地质灾害监测数据中心。利用基于3S的计算机网络、无线通信和数据库管理技术，形成地质灾害数据的采集、更新和集成的动态机制，实现易发区远程监控。推广高分辨率国产卫星数据，推广机载LIDAR和无人机航空影像快速获取技术，提供应急影像支撑。到2020年，基本实现重大地质灾害远程监控、灾后信息快速获取及31个省（区、市）应急会商互联互通，建立全国灾情险情直报系统和智能化应急值班系统。

5. 应急培训演练与科普教育

加强科技减灾科普宣传，深入开展应急培训演练。有针对性地开展社区防灾减灾知识科普教育，重点提升基层单位专业应急处置能力。加强技术指导，广泛开展基层地质灾害先期处置演练。依托并发挥大专院校、学会协会、科研院所等教育学术交流平台，定期举办科技减灾学术交流，建立科技减灾技术联盟。到2020年，基层培训覆盖10万社区，专业技能培训1000人次，培养青年应急技术骨干100名，选拔国家级应急技术领军人才10名。

6. 科学研究与标准规范

开展重大地质灾害机理和诱发过程、风险评估和防治方法、监测预警系统关键技术研究。开展地质灾害应急监测、快速识别、应急治理技术研究。开展重点地区地质灾害气象预警精细化研究。开展重大地质灾害空天地一体化传感网数据获取技术研究。深入开展突发地质灾害应急响应支撑关键技术研究，切实提供公益性行业科技支撑。开展科技减灾社区与"第一响应人"示范。充分利用已有经验和先进成果，制定地质灾害防灾减灾与应急技术标准。制定地质灾害应急调查、监测、处置技术标准；完善地质灾害预警预报、远程会商、信息反馈技术标准；开展地质灾害应急技术方法集成研究并制定相关标准。到2020年，建成地质灾害应急技术标准体系。

（四）装备与基地建设

1. 应急装备建设

根据地质灾害应急技术工作的装备需求，加快配置、改造或研发使用快捷、实用高效的应急装备，建成基本满足专业应急需求的装备系统。重点完善应急调查装备、应急监测预警装备、应急会商装备、应急处置装备和应急运输装备，逐步配备应急保障装备。

应急调查装备，充分发挥包括地调、测绘等系统在内的国土资源部门现有设备的作用，配备开展地质灾害应急调查必需设备。国家级应急中心配备微小飞行器等快速调查识别、评估设备，配备三维激光扫描仪、快速模拟评估软件等软硬件设施；分中心配备具有运输、分析、识别等功能的应急设备能够保证快速进入灾害现场开展调查；省级中心逐步完善应急调查设备。各级中心根据自身实际工作需要及资金技术水平积极开展设备研发工作。

应急监测预警装备，在省级中心配备具有安装简便、监测准确、预警及时、体积小、重量轻等特点的应急监测预警装备，满足面对突发地质灾害险情快速实施应急监测预警需要，确保人员安全。

应急会商设备，实现全国范围地质灾害应急远程会商互联互通。规范省级应急会商设备，配备应急会商车辆和会商硬件，增加卫星网络带宽，保障省级应急会商设备顺利入网，到 2020 年实现 31 个省（区、市）应急会商互联互通。推广物联网技术，对重大灾害点实现现场远程连续监测。

应急处置设备，各级中心积极研发和配备种类全面、用途广泛的工程处置类应急设备，满足应急处置中避危排险、开挖回填、止水排水、稳固岩土体等方面的需求，保障地质灾害快速处置需要。

2．应急示范和培训基地建设

在已有示范基地基础上，进一步建设国家级地质灾害应急防治示范区和实验室。根据不同区域地质灾害应急防治特点，探索新模式新方法，开展示范区建设，建成监测预警、应急调查、应急处置示范基地，开展示范工作。建设国土资源部地质灾害防治与应急重点开放试验室，开展地质灾害防治与应急相关科学技术研究。

建设国家级地质灾害应急培训和应急演练基地。到 2015 年在宜昌建成地质灾害应急培训基地，到 2020 年在北京建成地质灾害应急综合培训基地，具有室内培训、后方保障、桌面推演、专家会商和档案存储等功能。各省（区、市）可根据实际工作需要和自身条件建立适用于当地应急示范和培训需求的基地。

（五）应急队伍建设

按照分级负责的原则，地质灾害应急机构分级设立，到 2020 年基本形成国家级、省（区、市）级两级地质灾害应急机构。

1．国家级地质灾害应急机构

建立以国土资源部地质灾害应急管理办公室、国土资源部地质灾害应急技术指导中心为基础，以行政区划覆盖全国的六大地质灾害应急分中心、武警黄金部队地质灾害处置分中心为主体的国家级地质灾害应急机构。

优化配置国土资源部地质灾害应急技术中心的人力资源，形成高水平的应急专业技术队伍，技术力量涵盖地质灾害应急调查与评估、应急预警预报、应急会商与处置等专业领域，满足全国地质灾害应急技术指导工作需求。

根据属地区划原则设置东北、华北、华东、中南、西南和西北六个地质灾害应急分中心，发挥武警部队快速反应和灾害处置能力，完成地质灾害应急处置工作。国家地质灾害应急分中心要充分发挥区域地质调查优势，采用"平战结合"的模式，在地质灾害低发期内，主要进行地质灾害的调查、监测预警与研究；在地质灾害高发期内，参与重大地质灾害减灾防治的技术指导和应急处置。

国家地质灾害应急分中心以负责片区内的地质灾害应急专家为骨干力量，并吸收有关专业院校、科研机构的专业人才，建立分中心技术指导专家队伍（库），专业涵盖应急调查与评估、应急预警预报、应急会商与处置、应急培训与演练等。

2. 省级地质灾害应急机构

依照分级负责、属地管理的原则，建设省（区、市）省级地质灾害应急办室、省（区、市）地质灾害应急技术指导中心；省（区、市）省级地质灾害应急办室负责省内地质灾害应急管理工作；省级地质灾害应急技术指导中心负责具体的地质灾害应急工作。省级地质灾害应急技术指导中心主要由省内相对固定的地质灾害专家、技术人员为主体，主要职能是协助地质灾害主管部门开展地质灾害隐患的排查和防治，参与或指导基层开展地质灾害的监测预警工作等；具体参与大型地质灾害的应急调查、评估、处置等工作，并负责参与和指导中、小型地质灾害的应急调查、评估、处置。

到 2015 年，地质灾害高发的省份要基本建成省级应急机构，并开展能力建设评估工作。到 2020 年全国范围内基本完成省级地质灾害应急机构的建设，并达到能力建设评估标准要求。

3. 其他地质灾害应急力量

进行地质灾害应急时，依据地质灾害应急响应级别由相应的应急机构负责组建应急专业技术队伍。

动员大专院校、企事业单位、社会团体和志愿者队伍，为地质灾害应急工作做贡献。

专业技术队伍组建要以政府主管部门为主导，结合不同应急特点，由各相关专业的专家以及具备应急救援资格的志愿者组成，充分发挥专业技术优势，参与地质灾害应急或提供应急技术支撑。

4. 多层次培养人才

根据不同岗位，培养多层次人才。开展应急技术人才队伍，形成相对固定的应急技术人才队伍，基本满足全国地质灾害应急技术指导工作需求。发挥大专院校、科研机构的专业研究优势，结合各省地质灾害应急专家地域优势，建立地质灾害应急技术指导专家队伍。

开展全国地质灾害应急调查、监测、预警与处置技术人员防治理论和高新技术方法培训。针对应急会商人员，开办应急通信技术、IP卫星会商系统专题年度培训班。

（六）保障措施

1．加强组织管理，明确职责与分工

依据规划确定的建设方案，加强队伍的组织管理，明确参与地质灾害应急业务的人员的职责定位，加快规划组织实施工作。各级地质灾害应急业务的职能部门，负责规划的组织实施，同时完善监督考核制度，不断优化目标，细化工作内容。

2．完善制度标准体系，规范地质灾害应急

加快完善地质灾害应急制度与技术标准体系，积极推进地质灾害应急技术指导标准、应急处置技术指南、应急装备配置标准、应急防治技术要求、应急演练指南等规章制度的制定工作，规范地质灾害应急响应行动。

3．加强地质灾害应急资金与物资保障

各级政府要加大地质灾害应急资金投入，广拓资金渠道，鼓励企业和个人投入，争取国际组织资助和社会民间捐助，加强地质灾害应急的资金与物资保障。

严格执行"谁引发，谁治理"，引发地质灾害的责任单位承担应急抢险、治理和工程维护费用。

地质灾害应急资金的使用，要实行专款专用，并加大审计力度，保证资金与物资的有效利用。

4．建立地质灾害应急物资储备制度

加强地质灾害应急处置勘察、施工、监测等方面的物资储备；制定专门的地质灾害应急处置项目管理办法，设立专门险情应急处置资金，提高应急响应效率。

关于进一步加强持续性大范围灾害性天气引发地质灾害防范应对工作的函

国土资应急办函〔2014〕12号

各省、自治区、直辖市国土资源主管部门，新疆生产建设兵团国土资源局：

当前已经进入主汛期，暴雨、台风等持续性大范围灾害性天气增多。据中国气象局预测，7月份华南东部、江南大部、东北地区北部、黄海东北部、华北东部和云南南部等地区降水偏多。7月中下旬可能有2个热带气旋在我国沿海登陆。党中央、国务院高度重视，李克强总理等中央领导同志作出重要批示，要求切实做好应对灾害叠加的预案，全面排查隐患，严加防范引发的洪涝、地质灾害以及各类生产安全事故，确保人民群众生命财产安全。

为认真贯彻落实中央领导同志重要批示精神，根据《国务院安委会办公室关于做好持续性大范围灾害性天气防范应对工作的紧急通知》（安委办明电〔2014〕15号）要求，进一步加强汛期地质灾害防范工作，结合当前地质灾害防治严峻形势，请各地国土资源管理部门进一步落实责任，细化各项工作，扎实完成汛期防灾减灾任务，确保人民群众生命财产安全。具体要求如下：

一、**加强组织领导，严格落实防灾责任**。各级地方国土资源主管部门要把防灾减灾工作摆在更加突出的位置，立足防大灾、抗大灾、救大灾，严格落实以行政首长负责制为核心的防灾救灾责任制，进一步加强沟通协作，健全完善各项工作制度和机制。各级领导干部要深入一线、靠前指挥，切实保障抗灾防灾工作的有力有序推进。

二、**加强巡查排查，认真完善应急预案**。进一步组织力量加强巡查、排查、复查，对所有排查出来的隐患点，全部纳入群测群防和预警体系。要加强对中小学、卫生院、敬老院、建筑工地、旅游景点、避灾场所等人员密集区的排查。要抓紧完善应急预案，进行应急演练，加强专业培训与科普宣传，加强应急队伍和装备建设。要特别加强外来务工人员及农村留守老人儿童管理，做好安全防范措施。

三、**加强监测预警，提前做好防灾部署**。密切关注雨情、水情，加强与气象部门联系，及时获取雨情趋势分析与预判报告。完善灾情会商与协同预警机制，及时发布预警信息，重点加强地震灾区紧急预警信息发布，需要采取措施的必须措施到位。

四、加强应急值守，及时开展应急处置。各级地方国土资源主管部门要加强值守，严格落实24小时值班和领导带班制度。出现险情和灾情时，要及时核报信息，启动应急响应，果断撤离危险区内所有人员。第一时间派员赶赴现场，协助地方政府做好抢险救灾工作，力求把灾害损失降到最低。

如有重要情况，及时上报。

2014 年 7 月 4 日

关于做好强台风"威马逊"可能引发地质灾害防范工作的函

国土资应急办函〔2014〕15号

福建、广东、广西、海南、贵州、云南省（区）国土资源主管部门：

据中国气象局预测，今年第9号强台风"威马逊"将于18日凌晨至中午，在海南陵水至广东阳江一带登陆，预计中心风力14～15级。受其影响，福建、湖南、广东、广西、海南、贵州、云南等省（区）部分地区有大暴雨，局部地区特大暴雨。受台风影响省份，入汛以来降水总体偏多，部分地区出现连续强降水，特别是贵州部分地区、云南部分地区、海南中部、广西东部土壤含水量趋于饱和，极易发生地质灾害。为切实做好此次强台风可能引发地质灾害防范工作，现将有关事项通知如下：

一、各地要密切关注"威马逊"走向，克服麻痹心理，凡是气象部门预报台风路径和受台风影响可能出现高强度降雨的区域，国土资源主管部门都要高度重视，立足防大灾、抗大灾、救大灾，切实做好应对灾害叠加的预案。

二、要严格落实以行政首长负责制为核心的防灾救灾责任制，相关部门紧密配合，进一步加强沟通协作，健全完善各项工作制度和机制。

三、要落实重要地质灾害隐患点的应急预案，强化专业监测和群测群防，特别是山区、丘陵区的高陡边坡附近、山道沟口、中小学校舍、旅游区、外来务工人员居住区、公路铁路沿线、工矿区、建设工地的地质灾害监测预警工作。要及时将预警信息传达到乡、镇、村、组、有关单位和群测群防员，做好应急响应。

四、出现险情，要立即采取应急措施，及时启动应急预案，果断撤离强降雨区和地质灾害隐患点受威胁的人员，必要时，采取强制措施避让，确保人民生命财产安全。

五、各地要加强值守，坚持24小时值班制度，及时掌握灾情、险情，确保通讯畅通、信息传递准确及时。要做好专家和专业队伍准备，如遇灾情，第一时间派员赶赴现场，协助地方政府做好抢险救灾工作，力求把灾害损失降到最低。

2014年7月17日

关于防范台风"麦德姆"
引发地质灾害的函

国土资应急办函〔2014〕16号

江苏、浙江、安徽、福建、江西、山东、河南、广东省国土资源主管部门:

据中央气象台预测,今年第10号台风"麦德姆"将于23日下午或晚上在福建晋江到福鼎一带沿海登陆。受台风"麦德姆"影响,福建大部、浙江西部和南部、江西东部、安徽南部等地将有大到暴雨,部分地区有大暴雨或特大暴雨,引发地质灾害可能性大。请相关省密切关注台风"麦德姆"未来动向和发展趋势,切实做好台风引发地质灾害防范工作。现将有关事项通知如下:

一、**保持高度警惕,落实相关责任**。相关省各级国土资源主管部门要充分认识台风引发地质灾害带来的危害性,保持高度警惕,要在当地政府的统一领导下,精心部署,落实各级责任,将各危险区、隐患点防范工作落到实处。

二、**时刻关注动向,强化监测预警**。密切关注台风引发的强降雨,时刻关注地质灾害的发生,尤其对降雨地区地质灾害隐患点要加强监测力度,一旦发现异常,及时通过各种媒体和手段,向地质灾害防灾责任人、监测人和危险区内的群众发布预警信息。

三、**做好避险准备,及时启动预案**。相关省各级国土资源主管部门要充分做好临灾避险准备工作,一旦出现地质灾害险情灾情和极端降雨情况,及时启动应急预案,果断撤离危险区内所有人员,协助地方政府做好抢险救灾工作。

四、**加强应急值守,迅速开展应急**。相关省各级国土资源主管部门要加强应急值守工作,确保通讯畅通,及时准确传递信息。出现险情和灾情时,要及时核报信息,启动应急响应,在第一时间派员赶赴现场,协助地方政府做好抢险救灾工作,力求把灾害损失降到最低。

如有重要情况,请及时上报。

2014 年 7 月 22 日

关于进一步加强鲁甸地震
灾区地质灾害防治工作的通知

国土资电发〔2014〕32 号

云南省国土资源厅：

8 月 20 日，中共中央政治局常委会召开会议，听取云南鲁甸地震抗震救灾最新情况汇报、部署抗震救灾和恢复重建工作，并就进一步做好地质灾害防治工作提出明确要求。为贯彻落实中央有关精神，进一步加强地质灾害防治工作，确保人民生命财产安全和恢复重建工作顺利实施，现就有关事项通知如下：

一、进一步加强震区地质灾害排查工作

要按照地方党委政府的统一部署，进一步加强对威胁居民、学校、重要基础设施等公共安全和影响恢复重建工作的地质灾害隐患点排查工作。要通过倒排工期、细化责任的方式统筹安排野外排查和资料梳理，确保地质灾害排查结果按时提交。

二、恢复健全地质灾害群测群防体系

要在开展地质灾害隐患点排查工作的同时，积极指导当地政府及国土资源主管部门，努力恢复健全地质灾害群测群防体系，落实监测责任人，明确出现地质灾害发生前兆时受威胁人员的撤离信号、路线和避险场所等，加强监测预防，开展应急演练，确保人民生命财产安全。

三、做好居民安置点和恢复重建危险性评估工作

要安排技术力量强的专业队伍做好居民临时安置点和恢复重建居民安置区、学校、医院、基础设施等的地质灾害危险性评估工作，并将评估报告提出的有关地质灾害防治建议告知当地县、乡政府，落实地方地质灾害防治责任。

四、加强防灾减灾体系建设

要加强省地质灾害综合防治体系建设，优先安排鲁甸地震灾区调查评价、监测预警、综合防治和应急体系建设的项目和资金，确实加强鲁甸地震灾区防灾减灾体系建设，提高地质灾害防御能力。

请你厅高度重视，严加防范，扎实做好各项工作，确保震区各类居民安置点万无一失地有效防范地质灾害，确保震区学校、医院和重要基础设施的地质安全。

2014 年 8 月 22 日

关于做好地质灾害防治有关工作的函

国土资环函〔2014〕52号

各省、自治区、直辖市国土资源主管部门：

按照部地质灾害防治工作的部署，为做好地质灾害防治相关工作，现就有关事项函告如下：

一、及时报送地质灾害防治高标准"十有县"名单。请各省级国土资源主管部门按照《国土资源部办公厅关于开展地质灾害防治高标准"十有县"建设工作的通知》（国土资厅发〔2013〕43号）要求，10月31日前将通过验收的第一批高标准"十有县"名单报部。

二、全面总结汛期地质灾害防治工作。请你厅（局）认真总结2014年汛期地质灾害防治工作，包括灾情和工作情况、防治知识宣传教育培训活动开展情况、工作中的主要亮点、取得的经验和存在的问题等内容，形成文字材料，并认真填写《2014年省级地质灾害防灾能力建设情况调查表》和《2014年省级地质灾害应急工作情况统计表》，于10月31日前报我司。

联系人：肖建兵　010-66558322　66558316（传真）

电子邮箱：414140346@qq.com

李晓春　010-66558575　66557072（传真）

附件：1.2014年省级地质灾害防灾能力建设情况调查表

2.2014年省级地质灾害应急工作情况统计表

2014年9月22日

2014 年省级地质灾害防灾能力建设情况调查表

基本情况	地质灾害隐患点数量（按大小分）	特大型（处）			
		大型（处）			
		中型（处）			
		小型（处）			
	地质灾害隐患点数量（按类型分）	崩塌（处）			
		滑坡（处）			
		泥石流（处）			
		其他地质灾害（处）			
	受地灾隐患威胁人数（万）		受地灾隐患威胁财产数量		
	特大型地灾隐患点威胁人数		特大型地灾隐患点威胁财产数		
	已完成地质灾害详查县数		已部署开展地质灾害详查县数		
	已完成勘查的隐患点数				
	年度完成治理隐患点数（中央、地方资金）	特大型		大型	
		中型		小型	
	年度消除对人员财产威胁数量	消除人员威胁	消除财产威胁		
	是否出台"高标准十有县"建设鼓励政策		已建成高标准"十有县"数量		
			已纳入群测群防体系隐患数		
防灾能力建设	是否已建立地灾行业协会				
	地质灾害乙级资质单位数量		总人数		
	地质灾害丙级资质单位数量		总人数		
	2014 年召开全省地灾防治工作会议次数				

单位（签章）：

2014 年省级地质灾害应急工作情况统计表

应急值守	是否建立制度			应急预案数量	省	
	报送信息数量				市	
	迟报次数		应急预案		县	
	迟报原因			本年度修编情况	省	
应急演练	应急演练次数	桌面			市	
		专项			县	
		综合		宣传培训	科普宣传	次数
	应急演练人数	桌面				人数
		专项			专业培训	次数
		综合				人数
应急机构数量	应急管理机构	省		人员队伍	应急专家	数量
		市				本年度新增
		县				本年度培训数
	应急技术机构	省			应急技术人员	队伍数量
		市				人数
		县				队伍建设规划
主要专业设备						
监测预警	群测群防员	数量		专业监测点	数量	
		新增			新增	
	预警信息发布	数量		气象预警	县级交流	
		手段			市级交流	
灾情险情应对	省领导批示次数		专家派出人次	专项通知下发数量		
	应急响应次数	I 级		II 级	III 级	

地质环境处负责人：　　　　　　填表人：　　　　　　2014 年　　月　　日

关于汇交 2014 年度突发地质灾害应急演练材料的函

国土资应急办函〔2014〕20 号

各省、自治区、直辖市国土资源主管部门：

为深入贯彻落实《国务院关于加强地质灾害防治工作的决定》精神，更好地总结全国突发地质灾害应急演练工作经验，提高地质灾害应急职能部门能力，增强基层群众应急避险意识，部拟将 2014 年度全国各地组织开展的突发地质灾害应急演练活动成果精选汇编成册，以供对外宣传展示和内部参考学习使用。具体要求如下：

一、提交内容

2014 年度,省、市、县、乡四级突发地质灾害应急演练的方案、脚本,以及相关视频、照片等材料。

二、具体要求

（一）省级应急演练案例提交 1～2 例材料；市级应急演练案例提交 2～4 例材料；县级应急演练案例提交 3～5 例材料；乡级应急演练案例提交 3～5 例材料。对于地质灾害发生较少的省份，根据实际情况酌情提供。

（二）所提交材料务必真实可靠，详尽完备。提交内容为 2014 年 1 月 1 日至 12 月 31 日各级开展突发地质灾害应急演练活动的方案、脚本，以及相关视频、照片等材料。

（三）有视频资料的请制成光盘文件邮寄提交，无视频资料的请将文档材料发送电子邮箱提交。所有材料于 2015 年 2 月 1 日之前汇交至国土资源部地质灾害应急技术指导中心。

三、联系方式

地　　址：北京市海淀区大慧寺路 19 号院 10 号楼 305 室

邮　　编：100081

联系人：石爱军　010-62127087　13801029818

　　　　薛跃明　010-62117265　13810020019

电子邮箱：shiaj@mail.cigem.gov.cn

　　　　　8260976@qq.com

2014 年 11 月 18 日

国土资源部办公厅关于公布 2014 年度地质灾害防治高标准"十有县"名单的通知

国土资厅发〔2014〕39 号

各省、自治区、直辖市国土资源主管部门：

为认真贯彻落实《国务院关于加强地质灾害防治工作的决定》和中央领导同志关于加强地质灾害防治工作的重要批示精神，保护人民群众生命财产安全，提升基层地质灾害防治能力，最大限度地避免人民群众生命财产损失，我部从 2013 年开始在全国开展地质灾害防治高标准"十有县"建设。各地已完成了 2014 年度高标准"十有县"的验收，现对在 2014 年通过验收的北京市房山区等 432 个县（区、市）名单予以公告。

附件：2014 年度地质灾害防治高标准"十有县"名单

2014 年 12 月 18 日

附件

2014 年度地质灾害防治高标准"十有县"名单

(共 432 个)

北京市（7 个）：

房山区、门头沟区、延庆县、昌平区、密云县、石景山区、海淀区

河北省（19 个）：

张家口市桥东区、张家口市桥西区、崇礼县、赤城县、沽源县、阜平县、涞源县、顺平县、唐县、易县、滦平县、围场县、丰宁县、平泉县、沙河市、临城县、邢台县、磁县、邯郸市峰峰矿区

山西省（52 个）：

太原市万柏林区、阳曲县、大同市南郊区、浑源县、大同县、左云县、朔州市平鲁区、怀仁县、忻州市忻府区、偏关县、原平市、繁峙县、河曲县、五台县、五寨县、定襄县、岢岚县、孝义市、汾阳市、柳林县、交口县、交城县、文水县、平遥县、左权县、祁县、和顺县、昔阳县、寿阳县、灵石县、阳泉市郊区、平定县、盂县、长治市郊区、襄垣县、长子县、长治县、泽州县、阳城县、沁水县、临汾市尧都区、古县、洪洞县、曲沃县、蒲县、襄汾县、运城市盐湖区、垣曲县、河津市、平陆县、芮城县、闻喜县

内蒙古自治区（14 个）：

扎赉特旗、科尔沁右翼中旗、科尔沁右翼前旗、阿尔山市、乌拉特前旗、乌拉特中旗、鄂尔多斯市东胜区、伊金霍洛旗、达拉特旗、鄂温克旗、扎兰屯市、莫力达瓦旗、阿荣旗、陈巴尔虎旗

辽宁省（6 个）：

庄河市、瓦房店市、普兰店市、大连市金州新区、建昌县、兴城市

吉林省（7 个）：

九台市、辉南县、集安市、临江市、桦甸市、和龙市、龙井市

江苏省（18 个）：

南京市鼓楼区、南京市栖霞区、南京市溧水区、江阴市、徐州市铜山区、新沂市、徐州市贾汪区、沛县、邳州市、张家港市、苏州市高新区、苏州市吴中区、灌云县、东海县、盱眙县、滨海县、镇江市镇江新区、扬中市

浙江省（13 个）：

杭州市余杭区、余姚市、永嘉县、泰顺县、安吉县、长兴县、诸暨市、嵊州市、武义县、常山县、仙居县、三门县、庆元县

安徽省（18个）：

桐城市、太湖县、岳西县、青阳县、池州市贵池区、石台县、东至县、黄山市黄山区、黄山市徽州区、繁昌县、舒城县、金寨县、霍山县、六安市裕安区、宁国市、绩溪县、铜陵县、怀远县

福建省（4个）：

莆田市涵江区、长泰县、建阳县、顺昌县

江西省（5个）：

信丰县、龙南县、瑞昌市、宜春市袁州区、贵溪市

山东省（15个）：

淄博市淄川区、淄博市临淄区、滕州市、枣庄市山亭区、青州市、临朐县、安丘市、曲阜市、邹城市、金乡县、嘉祥县、肥城市、沂水县、蒙阴县、临沂市蒙山旅游区

河南省（15个）：

卢氏县、灵宝市、栾川县、巩义市、西峡县、新密市、镇平县、修武县、永城市、鲁山县、汝阳县、辉县市、禹州市、信阳市平桥区、光山县

湖南省（15个）：

耒阳市、炎陵县、郴州市北湖区、郴州市苏仙区、资兴市、永兴县、宜章县、临武县、嘉禾县、汝城县、桂东县、安仁县、桂阳县、双牌县、凤凰县

广东省（2个）：

深圳市罗湖区、连州市

广西壮族自治区（20个）：

龙胜各族自治县、桂林市象山区、资源县、荔浦县、罗城仫佬族自治县、南丹县、三江侗族自治县、柳江县、鹿寨县、柳州市鱼峰区、柳州市城中区、柳州市柳南区、融水苗族自治县、柳城县、百色市右江区、灵山县、宾阳县、武鸣县、上林县、横县

重庆市（10个）：

渝中区、万州区、沙坪坝区、渝北区、黔江区、永川区、江津区、南川区、武隆县、大足区

四川省（89个）：

邛崃市、彭州市、蒲江县、金堂县、米易县、盐边县、泸州市纳溪区、泸县、合江县、叙永县、古蔺县、德阳市旌阳区、广汉市、什邡市、绵竹市、中江县、罗江县、安县、北川羌族自治县、梓潼县、平武县、青川县、苍溪县、剑阁县、旺苍县、广元市昭化区、射洪县、资中县、乐山市沙湾区、乐山市市中区、峨边彝族自治县、眉山市东坡区、洪雅县、丹棱县、仪陇县、西充县、蓬安县、南充市嘉陵区、南充市高坪区、营山县、长宁县、珙县、宜宾县、宜宾市南溪区、屏山县、高县、岳池县、达州市达川区、渠县、

万源市、宣汉县、开江县、大竹县、达州市通川区、巴中市巴州区、巴中市恩阳区、通江县、南江县、平昌县、芦山县、宝兴县、天全县、雅安市名山区、石棉县、汉源县、雅安市雨城区、荥经县、康定县、泸定县、丹巴县、九龙县、雅江县、道孚县、炉霍县、理塘县、巴塘县、稻城县、甘孜县、新龙县、德格县、白玉县、石渠县、色达县、乡城县、得荣县、宁南县、冕宁县、越西县、雷波县

贵州省（39个）：

贵阳市云岩区、贵阳市乌当区、息烽县、开阳县、遵义市红花岗区、遵义市汇川区、遵义县、仁怀市、赤水市、余庆县、凤冈县、务川县、湄潭县、道真县、正安县、绥阳县、桐梓县、习水县、安顺市西秀区、关岭县、铜仁市碧江区、沿河县、德江县、思南县、石阡县、印江县、江口县、都匀市、瓮安县、贵定县、龙里县、惠水县、罗甸县、平塘县、荔波县、兴义市、兴仁县、贞丰县、安龙县

云南省（10个）：

陆良县、新平县、腾冲县、水富县、澜沧县、楚雄市、个旧市、文山市、景洪市、云龙县

陕西省（11个）：

镇安县、紫阳县、户县、泾阳县、凤翔县、宜君县、清涧县、延安市宝塔区、略阳县、勉县、华县

甘肃省（28个）：

兰州市城关区、兰州市西固区、兰州市七里河区、兰州市安宁区、兰州市红古区、永登县、皋兰县、榆中县、嘉峪关市、张掖市甘州区、肃南县、高台县、永昌县、白银市平川区、漳县、岷县、天水市麦积区、天水市秦州区、礼县、永靖县、和政县、临夏县、迭部县、舟曲县、庆阳市西峰区、华池县、华亭县、崇信县

青海省（6个）：

大通县、湟中县、乐都县、互助县、化隆县、同仁县

宁夏回族自治区（4个）：

隆德县、泾源县、西吉县、彭阳县

新疆维吾尔自治区（5个）：

阿勒泰市、富蕴县、哈巴河县、昌吉市、阜康市

第三部分　工作总结

2014 年全国地质灾害防治工作情况

2014 年，在党中央、国务院的正确领导下，地方党委、政府高度重视，相关部门密切配合，国土资源系统积极努力，全国地质灾害防治工作取得显著成效，成功避让地质灾害 417 起，避免人员伤亡 3.37 万人，挽回经济损失 18.1 亿元。

一、地质灾害灾情及特点

2014 年全国共发生地质灾害 10907 起，造成 400 人死亡失踪、直接经济损失 54.1 亿元。与 2013 年相比，发生数量、死亡失踪人数和直接经济损失分别减少 29%、40% 和 47%。特点如下：

（一）**西南、西北和中南部分地区灾情较重。**导致人员伤亡的地质灾害主要发生在湖南、重庆、贵州、云南和陕西（死亡失踪 263 人，约占全国 66%），四川、甘肃等与往年灾情相比较轻，特别是汶川、芦山、玉树、漳县、岷县等地震灾区实现了"地质灾害零伤亡"。

（二）**类型以滑坡、崩塌和泥石流为主，小型居多。**全国共发生滑坡 8127 起、崩塌 1871 起、泥石流 543 起，分别占总数的 75%、17% 和 5%。小型地质灾害 9921 起，占总数的 91%。

（三）**以强降雨和地震等自然因素引发为主。**西南、西北、中南等地遭受连续强降水，过程雨量大、涉及范围广，云南鲁甸、景谷等地发生强烈地震，引发了大量地质灾害。这些自然因素引发的地质灾害 10326 起，约占总数的 95%。

二、防治工作部署及时实施有力

党中央、国务院高度重视地质灾害防治工作，国务院领导同志作出多次重要批示。我部坚决贯彻落实，针对地质灾害时空分布规律，认真研判趋势，多次动员部署，督促落实防治措施，快速做好应急处置，各项工作有序开展。

（一）**强化研判部署，精心谋划全年工作。**根据部党组 2014 年初提出的总体工作要求，2 月组织地方和专家召开趋势会商会，3 月发文对防治工作作出全面部署。之后又通过汛前全国视频会、20 多次发文发电，对防治工作再动员、再部署、再落实。联合交通运输部和国家铁路局，加强铁路、公路、水路沿线及在建工程地质灾害防范工作。各省（区、市）召开省级防治工作会议 70 余次,研究部署地质灾害防治工作。

（二）**强化监督指导,突出巡查、排查、复查。**针对局地强降雨天气和地震,32 次派出由部和司局负责同志带队的工作组,赴三峡库区、四川、贵州、云南等重点地区督促指导。各地充分发挥群测群防体系作用,做到雨前排查、雨中巡查、雨后复查和震后全面排查。全国完成地质灾害详细调查的县（市、区）达 686 个,完成勘查工作的隐患点达 23612 处。贵州全面完成全省 88 个县（市、区）的详细调查工作。四川全年排查地质灾害隐患点 43265 处,发放防灾明白卡 100261 张,发送预警短信 120.2 万条。2014 年在雨情较重情况下,四川死亡失踪 7 人为有历史记录以来最低。三峡库区连续 12 年未因地质灾害造成人员伤亡。

（三）**强化监测预警,推广成功避险经验。**会同中国气象局继续开展地质灾害气象预警预报,制作全国性气象预警产品 165 份,通过中央电视台和网站发布 233 次。全国 32 万名群测群防监测员在汛期坚守岗位,做到地质灾害隐患点全覆盖。认真总结推广湖北秭归沙镇溪镇滑坡、四川丹巴东谷泥石流、泸州古蔺滑坡等成功避险经验,指导各地开展应急避险工作。在云南鲁甸、谷景地震后组织 1023 名专业技术人员,开展拉网式隐患排查核查,设置警示标志 6000 余块,紧急转移避险 20673 人。在恢复重建期间,针对震区地灾点多面广、多为分散零星隐患、搬迁避让任务较重等实际情况,进一步加强详细排查,恢复完善群测群防体系,安排必要的专业监测,实施工程治理等,确保安置区不因地质灾害造成人员伤亡。

（四）**强化应急处置,有效避免更多损失。**安排 200 多名区片应急专家在汛期长期驻守,指导地方开展应急处置。针对各地灾情险情报告,启动地质灾害应急响应 16 次,派出专家组指导救灾工作,全年未出现二次灾害造成人员伤亡事件。针对国务院领导同志重视的西藏樟木口岸、重庆奉节藕塘等重大地质灾害隐患,积极沟通协调相关部门,落实防治资金,确保得到有效处置。重庆市"8·31"暴雨期间,1000 多名国土资源部门干部、2000 多名片区地灾防治专管员、近 7000 名群测群防员及时上岗到位,转移群众 5 万余人,成功避免 1.6 万人伤亡。

三、创新防治体制机制成效明显

在毫不松懈做好日常地质灾害防治工作的同时,我们按照国务院简政放权和转变职能的精神要求,着眼长远,创新管理体制机制,取得明显进展。

（一）**加大重点地区防治支持力度。**在 2013 年开展云南地质灾害综合防治体系建设试点的基础上,与财政部密切配合,总结经验,通过竞争性选拔方式,增加四川、甘肃、湖南三省为综合防治体系建设省份,中央财政共支持资金 31 亿元。继续推进湖北五峰、湖南大成桥、四川芦山地震灾区等重大地质灾害综合治理。地质灾害防治高标准"十有县"建设得到各地积极响应，已建成高标准"十有县" 432 个，基层地质灾害防御能力逐步规范化、制度化、程序化。

（二）**优化完善三峡库区地质灾害防治项目管理**。与财政部和国务院三峡办充分沟通协调，对由我部负责实施的三峡后续地质灾害防治有关项目管理程序进行了优化完善，明确今后三峡后续地质灾害防治中央补助资金直接切块下达湖北、重庆两省市，实行资金任务双包干。我部今后的工作重点，将着力加强对库区地质灾害防治工作进行督促和检查。

（三）**深入开展地质灾害防治知识宣传教育培训和应急演练**。在做好救灾的同时，我们坚持在防灾上狠下功夫，取得很好效果。在全国部署开展地质灾害防治知识宣传教育培训活动，从 2014 到 2016 年，每年 6 月 1 日至 9 月 30 日期间在全国集中开展，重点增强群众的辨灾、防灾和避灾意识；截至目前，已培训 279 万余人。组织各地加强地质灾害应急演练；2014 年，全国共举行地质灾害应急演练 24250 次，参演 228 万余人。四川丹巴"8·9"特大泥石流灾害成功避险案例就是当地开展宣传培训和应急演练效果的生动体现。

（四）**转变职能强化事中事后监管**。一是按照国务院进一步简化行政审批精神要求，取消地质灾害危险性评估备案制度；二是积极组织开展地质灾害防治标准规范编制。2014 年先后发布了《滑坡崩塌泥石流灾害调查规范》、《集镇滑坡崩塌泥石流勘查规范》、《地质灾害灾情统计》等 3 个行业标准，提交了 10 个标准规范的送审稿，为地质灾害防治工程行业健康规范发展奠定基础；三是强化后续督促检查。在将项目具体审批和管理权限下放到省里的同时，要求地方定期报送进展情况，通过派出工作组实地检查、听取汇报、召开座谈会等方式对重点省份进行指导检查监督。

四、2015 年防治工作安排

考虑到我国特殊的地质地貌和极端天气以及人为工程活动频繁等因素，综合分析，2015 年我国地质灾害防治工作形势依然严峻，任务依然艰巨。我们将认真贯彻落实党中央、国务院的部署和要求，重点做好以下工作。

（一）**大力提升基层地质灾害防治能力**。以地质灾害防治高标准"十有县"建设、应急演练和地质灾害防治知识宣传教育培训活动为抓手，继续推进提高基层地质灾害防御能力。

（二）**强化重点地区和重点时段工作**。以三峡库区、西南山区、地震灾区等为重点地区，以汛期为重点时段，依靠地方群测群防监测力量，协调各方专业监测力量，全面加强地质灾害防治预计预报预警和监测工作。

（三）**全力推进重点省份综合防灾体系建设**。以云南、四川、甘肃、湖南为重点，加强监督与指导，扎实推进重点省份地质灾害综合防灾体系建设。

国土资源部地质灾害应急技术指导中心关于呈送 2013 年工作总结及 2014 年工作要点的报告

国土资源部地质灾害应急管理办公室：

在国土资源部地质环境司（应急办）的领导下，2013 年国土资源部地质灾害应急技术指导中心（以下简称应急中心）着力贯彻落实《国务院关于加强地质灾害防治工作的决定》，强化突发地质灾害应急能力建设，组织开展应急响应，认真落实应急技术指导工作。充分发挥专家队伍作用，中心各部门密切合作，全面完成年度各项工作任务。

一、2013 年应急中心工作总结

2013 年 1 月，应急中心根据《国土资源部地质环境司重点工作安排》，在总结分析 2012 年工作的基础上，部署 2013 年度工作，正式将《国土资源部地质灾害应急技术指导中心 2012 年度工作总结及 2013 年度工作要点》报部应急办。组织召开了应急中心工作协调会，明确应急中心 2013 年工作方向和目标，进一步部署 2013 年应急工作。

应急中心 2013 年工作稳步推进，从工作安排、业务规划、应急值守、体系调研和应急支撑能力等方面做好地质灾害应急防治各项工作。

（一）开展重大地质灾害应急技术指导工作与培训。2013 年全国地质灾害应急工作形势依然严峻，发生了云南昭通滑坡、贵州凯里崩塌、西藏墨竹工卡滑坡、四川雅安地震、西南大部特大暴雨、甘肃岷县漳县地震、河北省武安地表塌陷等大型、特大型地质灾害。应急中心按照部应急办工作部署，迅速响应，由应急中心相关领导带领专业技术人员组成工作组赶赴灾害现场开展应急工作。

1 月 11 日上午 8 时 20 分，云南省镇雄县果珠乡高坡村赵家沟村民组发生山体滑坡灾害。接到灾情报告后，根据部应急办工作部署，应急中心派出专家组参加部汪民副部长带队的工作组乘最近航班赶往灾区指导抢险救灾。据调查，山体滑坡体长

120 米、宽 110 米、厚 16 米，方量约 21 万立方米。由于当地村民依然受到次生灾害的威胁，应急中心专家组于 1 月 18 日再次赴现场开展进一步调查，会同当地国土资源主管部门，现场为村民答疑解惑，讲授相关防灾减灾知识。

2 月 18 日 14 时 20 分，贵州黔东南州凯里市龙场镇淦洞村发生 1 起崩塌地质灾害，多人被埋。根据部应急办部署，应急中心派出专家组参加部应急工作组赶赴现场指导抢险救灾及应急处置等工作。

3 月 29 日 6 时左右，位于中国黄金集团华泰龙公司甲玛矿区内的西藏墨竹工卡县扎西岗乡斯布村普朗沟泽日山发生山体滑坡，83 名工人被埋。灾害发生后，按照部应急办安排，应急中心组成专家组赶赴灾区，会同西藏自治区国土资源部门展开灾害原因调查、指导抢险救灾等工作。

4 月 20 日 8 时 2 分，四川省雅安市芦山县发生 7.0 级地震，震源深度 13 千米。地震发生后，国土资源部迅速启动地质灾害一级应急响应，作出部署，应急中心立即派出专家组赶赴灾区，协助当地政府开展地震灾害抢险救灾、灾害监测和次生地质灾害隐患排查等工作。针对宝兴县的冷木沟泥石流隐患，沟道内物源丰富、沟道坡降比大、水源充足，且直接威胁县城居民安全等特点，制定了适用于高寒浓雾山区，集北斗无线传输系统、激光夜视远程视频监控系统等高新技术的监测预警方案。

7 月 9 日，四川省特大暴雨诱发山洪泥石流等地质灾害，连续降雨已造成 2 人遇难，30 人失踪，300 余人受伤，1100 余间房屋（含民房、板房）倒塌，被困而急需救助群众达 6000 余人。按照部应急办部署，应急中心专家队伍参加国务院应急调查组赶赴灾区指导山洪泥石流灾害应急调查与处置等工作。

3 月至 12 月，针对辽宁抚顺西露天矿特大滑坡险情，根据部应急办安排，同时应辽宁省地质灾害应急中心请求，应急中心专家组先后进行了 8 次有关滑坡变形情况、应急监测情况、滑坡后缘裂缝、东西边界追踪等的现场应急调查工作，共参加了 4 次有关应急防治方案、应急监测、勘查方案等的会商。先后取得了滑坡形成原因、地质模型和滑动演化等原始数据，分阶段跟踪指导应急监测处置，提出了完善应急防范预案、开展滑坡地质勘查、评估坡脚回填以及加强宏观变形巡查和专业监测预警等指导意见，为保障危险区人民生命财产安全提供了关键技术依据。

（二）地质灾害应急值守、气象预警值守工作。坚持领导带班、信息上报、首办责任和责任追究等四项制度，开展 24 小时驻部地质灾害应急值守和气象预警预报应急值守工作。如遇突发重大地质灾害，加派业务能力强的同志配合部应急办开展应急值守工作，为部应急办提供相关资料，保证信息的及时准确上报。全年共值守 1000 余人次，地质灾害信息全部及时、准确进行了处理，无漏报错报现象。

完成全国地质灾害气象预警十年工作总结并报部应急办。完成全国地质灾害趋势预测报告 1 份、灾情月报 12 份、通报 7 份。开展地质灾害气象预警服务工作。2013 年共开展预警 169 天，制作预警产品 170 份，其中，红色预警 19 份、橙色预警 92 份、黄色预警 49 份、另 10 份无预报区。在中央电视台发布 111 份，在地质环境信息网、手机短信、手机报等渠道发布 170 份。在 170 份预警产品中，日常预警 153 份，应急预警 17 份。

（三）应急会商系统建设扎实推进。地质灾害远程会商与应急指挥系统应用推广成果显著，截至 2013 年底，我中心已指导全国各省（市、自治区）部署建立卫星系统主站 24 台套、车载（便携）站 39 台套，目前正在指导系统建设省份有宁夏、新疆以及吉林省等，远程会商系统已覆盖全国绝大部分省（市、自治区），并向市县级推广应用。

具体建设情况如表所示：

表 1 全国各省地质灾害远程会商与应急指挥系统建设情况

省（市）	卫星固定站	车载便携站	省（市）	卫星固定站	车载便携站
北京	1	3	四川	4	11
河北	3	3	广西	1	1
浙江	1	3	青海	1	1
江西	1	2	河南	1	2
江苏	1	1	湖北	1	2
重庆	1	1	三峡库区	1	1
内蒙古	1	1	陕西	3	4
辽宁	1	1	山东	1	1
宁夏	1	1			

应急中心远程会商系统备份主站建设，有效提升全国地质灾害应急卫星通信网络通信及风险抵御能力，提高应急卫星网内站点可容纳数量，有效解决原有主站设备出现故障时影响通信的问题。

物联网新技术示范应用成果显著，目前已完成云南新平、重庆武隆 3 个地灾隐患点无线远程高清视频监控系统布置，实现广域范围内的地质灾害监测点现场全天候、实时观测及短信预警功能。地质灾害现场无线高清视频监控系统是中国地质环境监测院首次实现复杂环境条件下，远距离无线高清晰实时视频传输。

（四）开展地质灾害应急演练。2013 年应急中心全年共指导参与完成全国地质灾害应急演练 6 次，参与演练人数近 1600 余人；其中，省部级联合应急演练 2 次，分别为 6 月 19 日内蒙古自治区乌兰察布市大型泥石流灾害应急演练、6 月 27 日吉林省敦化市滑坡泥石流大型地质灾害应急演练；应邀指导省市级应急演练 4 次，分别为 4 月江西赣南地区地质灾害应急演练、8 月 12 日贵州省黔东南苗族侗族自治州滑坡泥石流大型应急演练、11 月 27 日湖北省长阳土家族自治县王家棚危岩地质灾害应急演练、12 月 17 日重庆市潼南县梓潼街道办事处体育公园滑坡地质灾害应急演练。在参与指导各地应急演练过程中我中心充分发挥技术指导作用，针对演练过程中地质灾害调查、评估、处置、信息发布、媒体应对等进行了全流程协助指导，同时提供了部分先进技术、设备支持，提升了应急演练的技术水平。

（五）编制发布《国土资源部地质灾害应急技术指导中心业务发展规划》。党的十八大以来，地质灾害应急工作形势有了新发展和新需求，根据院领导安排，组织应急中心有关部门对《国土资源部地质灾害应急技术指导中心业务发展规划》进行了修编。5 月召开应急中心业务发展规划研讨会，邀请中国科学院、国土资源部、中国地质调查局和部分省（区、市）专家对《规划》进行了认真讨论，形成了修改意见。根据研讨会意见进一步修改，形成新的《规划》文本。6 月召开《规划》评审会，与会专家认为《规划》是应急中心对今后一段时间工作指南，对全国地质灾害应急业务工作的开展具有指导意义。部应急办以"国土资应急办函 [2013]18 号"将该规划转发到各省、自治区、直辖市国土资源主管部门及新疆生产建设兵团国土资源主管部门，作为各地编制本省（区、市）的业务发展规划的参考。

（六）应急专家管理。修改完善《国土资源部地质灾害防治应急专家管理办法》；完成国土资源部第二届地质灾害应急专家数据录入、完善应急专家库建库，制作应急专家聘书和工作证并发放；协调专家参加地质灾害应急调查。组织召开专家交流会，邀请专家开展应急培训等工作。

（七）开展地质灾害应急体系建设情况调研。为有效开展地质灾害应急体系建设工作，及时了解和掌握全国各省（区、市）地质灾害应急体系建设情况，借鉴各地好的经验、好的做法。在院（中心）相关领导带领下，赴云南、宁夏、山东、西藏、江苏、新疆、广东等省（区、市）进行地质灾害应急体系建设情况调研，与当地国土资源主管部门和有关技术支撑单位同志座谈，深入当地具有代表性的灾害点进行实地调查。调研后形成应急体系建设调研报告。江西、新疆两省（区）地质环境监测院（应急中心）来我中心进行调研，双方就体系建设、队伍建设、装备建设等交换了意见。

（八）协助组织召开相关国际和国内会议。2013 年协助部应急办召开了 2013 年全国地质灾害趋势预测会商会、地质灾害"临灾避险"五步法和抗击自然灾害典型事迹的宣传方案的座谈会、全国地质灾害应急工作暨培训交流会、地质灾害预警业务启动座谈会、地质灾害气象预警预报工作协调领导小组第二次会议、国土资源部地质灾害防治应急专家代表技术经验交流会、全国地质灾害灾情统计研讨会等会议。

通过这些会议，编制了相关文件，对前一阶段工作进行了总结，充分探讨了下一步发展思路。

2013年应急中心组织召开全国地质灾害应急工作培训交流会暨地质灾害应急响应新技术新方法专业培训。同时，与中国地质学会举办了第七届世界华人地质科学研讨会。

（九）完成成果总结和文献出版。 按照部应急办要求，起草完成《2012年度全国地质灾害应对工作总结评估报告》，通过部程序审批并上报国务院。编写月度、季度和年度工作总结报告及下一步工作计划，以应急中心函的形式报部应急办。出版《地质灾害防治这一年2012》、《2012年全国重大地质灾害事件与应急避险典型案例汇编》和《2012年度全国地质灾害应急演练方案选编》三本书。2013年共完成了全国30个重大地质灾害应急与避险案例的整理和分析评估，进行了案例库补充。完成三峡库区、复杂山区、黄河上游地区和汶川地震灾区等地质灾害快速识别防治关键技术研究。

（十）开展应急方法技术研究工作。 根据院信息化工作领导小组的安排，成立了应急技术基础支撑平台建设工作组，对三峡库区地质灾害防治信息与预警指挥系统进行了调研。全年顺利完成"国家级地质灾害应急防治"、"全国地质灾害气象预警"、全国地质灾害灾情分析与趋势预测"、"汶川地震区重大地质灾害成生规律研究"、"地质灾害应急调查评估关键技术研究"、"空天地一体化传感网"、"北京市门头沟区峇罗坨沟泥石流沟灾害治理工程"、"突发性强降雨引发城镇重大灾害成因机理与风险防控"等项目相关应急方法技术研究工作。

（十一）其他工作。 完成中国地质学会地质灾害研究分会委员聘书制作印发、青年科技奖励推荐，完成第三届世界滑坡论坛论文摘要网络征集，电子注册人数已超过400人。进行第三届世界滑坡论坛筹备工作，开展国内外科学技术交流。

二、2014年应急中心工作计划

为了更好地为我国地质灾害应急工作提供技术业务支撑服务，不断提高自身能力建设，应急中心将继续以《国务院关于加强地质灾害防治工作的决定》、《全国地质灾害防治"十二五"规划》和《国土资源部地质灾害应急技术指导中心业务发展规划》为指导，结合应急中心实际工作情况，着力做好如下几方面工作：

（一）继续加强地质灾害应急值守工作。 坚持领导带班、信息上报、首办责任和责任追究等四项制度，继续加强24小时驻部地质灾害应急值守。协助应急办参与国务院应急办视频点名，保证地质灾害灾情险情信息的及时接收、准确处理和按时上报。根据突发情况，增派业务水平高、工作流程熟练的同志参与应急值守，增强应急值守力量，为突发灾害能够迅速提供图文材料提供保障。

（二）加强地质灾害应急体系建设，提高应急能力。为了更加科学、系统、有效地应对地质灾害多发、频发事件，应急中心立足"防大灾、应大急"的理念，继续加强地质灾害应急体系建设，不断提高应急能力。继续加强应急队伍建设，逐步形成具有统一指挥、机动快速、协同联动、高效有序的国家级专业化地质灾害应急队伍组织体系，不断提高应急能力。同时，积极主动开展相关调研、座谈工作，指导省级地质灾害应急体系建设。

（三）开展专业化大型应急技术演练。选择典型区域，开展专业化大型应急技术演练。采取全程由技术人员参加的方式，按照重大地质灾害应急响应预案流程进行快速响应，全面检验地质灾害突发时我中心地质灾害应急技术人员的现场调查、技术指导水平以及应急处置能力。

（四）精心筹备全国性和国际性会议。计划年初召开应急中心工作协调会；汛期前后，召开两次应急专家交流会；全国地质环境管理视频会后协助部应急办召开地质灾害应急管理和技术培训会；召开地质灾害趋势会商会；做好第三届世界滑坡论坛、全国工程地质学术大会筹备及召开等工作。

（五）进一步做好应急方法技术研究。推动地质灾害应急技术支撑平台的研发和试运行，继续开展地质灾害应急技术支撑平台建设研究工作，不断推动平台的研发和试运行等工作。完成"国家级地质灾害应急防治"、"全国地质灾害气象预警"、"全国地质灾害灾情分析与趋势预测"、"汶川地震区重大地质灾害成生规律研究"、"地质灾害应急调查评估关键技术研究"、"空天地一体化传感网"等项目的应急方法技术研究工作。结合科研项目，做好云南省镇雄县科技扶贫工作。

（六）加强汛期地质灾害气象预警。汛期（5—9月）开展地质灾害气象预警服务，制作预警产品，发布预警信息，应急状态下，启动地质灾害应急预警服务，开展地质灾害风险预警模型方法研究，做好年度预警总结。积极与中国气象局公共气象服务中心联合建立示范区，协助应急办召开预警工作领导协调小组第三次会议，加强监测预警平台与信息平台、应急技术支撑平台的衔接与建设，促进部、中心、省的互联互通。

（七）加强灾情统计与趋势预测。持续开展地质灾害灾情统计与趋势预测，编制地质灾害灾情月报、季报、半年报、年报及全国地质灾害通报，协助应急办召开灾情统计研讨会，总结灾情统计经验教训。

开展全国地质灾害趋势预测研究，协助应急办召开地质灾害趋势预测会商会，研判2014年地质灾害发生、发展趋势，编制年度地质灾害趋势预测报告，提出相应的防治对策措施建议。

（八）进一步做好应急成果集成总结。完成《2013年度地质灾害防治这一年》、《2013年度全国重大地质灾害事件与应急避险典型案例》及《2013年度应急演练汇编》三本书的出版发行工作。编写季度、年度工作总结和计划报告报部应急办。

国土资源部地质灾害应急技术指导中心
2014 年 2 月 12 日

2014 年度全国突发地质灾害
应对工作总结评估报告

  本报告所指的地质灾害主要是崩塌、滑坡、泥石流、地面塌陷、地面沉降和地裂缝灾害。评估采取材料汇总、统计分析和点面结合的方式；评估依据是《地质灾害防治条例》、《国家突发地质灾害应急预案》、《国务院关于加强地质灾害防治工作的决定》和《国务院办公厅关于请做好 2014 年度突发事件应对工作总结评估的通知》；评估重点是大型、特大型地质灾害灾情或险情事件及其应对工作。

  本报告中所有统计数据未包含香港特别行政区、澳门特别行政区和台湾地区相关数据。

一、基本情况

  2014 年全国共发生地质灾害 10907 起，其中滑坡、崩塌、泥石流、地面塌陷、地裂缝和地面沉降分别占地质灾害总数的 74.5%、17.1%、5.0%、2.8%、0.5% 和 0.1%。共造成 349 人死亡、51 人失踪、218 人受伤，直接经济损失 54.1 亿元。与 2013 年相比，地质灾害发生数量、造成死亡失踪人数和直接经济损失分别减少 29.2%、40.2% 和 46.7%（见表 1）。近十年同期相比，2014 年地质灾害发生数量排倒数第二，仅高于 2009 年；因灾造成死亡失踪人数排倒数第三，高于 2011 年和 2012 年；因灾造成直接经济损失排第三，低于 2010 年和 2013 年。在 2014 年，特大型地质灾害有 61 起，造成 56 人死亡、21 人失踪、44 人受伤，直接经济损失 17.7 亿元；大型地质灾害有 135 起，造成 85 人死亡、8 人失踪、20 人受伤，直接经济损失 5.7 亿元。

表 1　2014 年与 2013 年同期地质灾害基本情况对比

	发生数量／起	死亡失踪／人	直接经济损失／亿元
2014 年	10907	400	54.1
2013 年	15403	669	101.5
较 2013 年增减数量	−4496	−269	−47.4
较 2013 年增减比例／%	−29.2	−40.2	−46.7

2014 年地质灾害分布在全国 29 个省（自治区、直辖市）。地质灾害发生数量前三位的依次是湖南省、重庆市和四川省；死亡失踪人数前三位的依次是云南省、重庆市和贵州省；直接经济损失前三位的依次是重庆市、云南省和四川省。从区域对比看，中南地区发生数量最多，湖南、湖北、广东、广西、河南和海南共发生地质灾害 6035 起，占总数的 55.3%；西南地区因灾死亡失踪人数、直接经济损失最重，云南、重庆、贵州、四川和西藏因灾死亡失踪 236 人、占总数的 59.0%，直接经济损失 42.5 亿元、占总数的 78.4%。

在 2014 年，降雨等自然因素引发的地质灾害有 10328 起，占总数的 94.7%，主要由持续强降雨、极端降雨引发；采矿和切坡等人为因素引发的有 579 起，占总数的 5.3%。

二、应对工作总结评估

2014 年，党中央、国务院高度重视，地方各级党委、政府认真负责，国土资源系统以保护人民生命财产安全作为地质灾害防治最高价值准则，认真贯彻落实十八届三中全会及十八届四中全会建设生态文明精神，与水利、气象、地震、交通等相关部门密切配合，认真开展地质灾害应对工作的组织、协调、指导和监督。工作中加强责任落实，不断提高应对能力，健全应对机制，稳步推进调查评价、监测预警、防治工程和应急体系建设，取得显著成绩。全国共成功预报地质灾害 417 起，应急避险撤离人员 33723 人，避免直接经济损失 18.1 亿元。

（一）加强应急值守与工作部署

一是应急值守。全年组织实施领导带班 24 小时应急值守，未出现脱岗造成信息迟报、误报的情况。不定时检查各地应急值守情况，保证汛期应急值守工作质量。全面使用灾情统计网络直报系统，应急平台运行流畅，提高了灾情险情报告时效性与准确性。坚持同时报送原则，采用值班信息、灾情险情报告、要情、短信和网络消息等不同方式，呈报、传递灾情与应对信息。汛期接报值班信息 1200 余件。中央电视台对地质灾害与防治信息进行了 40 余次视频报道及数百次滚动字幕报道。二是工作部署。2 月份召开年度全国地质灾害趋势预测会商会，为全年应对工作部署奠定了基础。3 月下发通知，对全国及三峡库区、汶川地震灾区等重点地区防治工作提出总体要求，部署巡查排查、监测预警等重点任务。4 月召开 2014 年全国汛期地质灾害防治工作视频会议，邀请地震、气象、交通、国资委、三峡办、防总等单位共同商讨 2014 年汛期地质灾害防治工作推进措施。针对台风及强降雨过程，先后下发 7 次通知，有针对性地布置防范工作。8 月召开汛期地质灾害防治工作再动员再部署会，指导地方更好地推进地质灾害防治工作。各省（自治区、直辖市）召开省级防治工作会议 70 余次。

（二）逐步实现应对工作制度化和规范化

一是总结 2013 年度应急值守工作，修订国土资源部地质灾害《应急值守手册》，确保灾情险情及应对信息的及时准确报送。对气象局和地震局发布重要气象和地震预警信息，报送信息、国办通知、媒体报道重大灾情险情，中央领导在媒体反映情况或地方上报情况上的批示等三种情况，制定具体的落实流程，进一步规范工作程序。二是进一步细化应对流程。着手编制突发地质灾害应急调查、评估和处置工作程序和技术流程，不断规范现场应急响应工作。三是修订《应急专家管理办法》，针对简政放权和依法行政新形势，进一步厘清部应急办、应急中心、应急专家和地方政府不同层级的责任和应急行动规则。四是制定《地质灾害气象风险预警业务流程细则》、进一步规范技术约定、细化预警合作。五是编制《地质灾害灾情统计》、完善《地质灾害应急演练指南》，保证相关工作规范。

（三）强化协同应对和建立源头防控机制

我部与国务院相关部委按照职责分工，逐步加大地质灾害应急防治协同工作力度。一是进一步细化国土、气象两部门数据传输机制，同时启用网络版预警系统，实现"一站式"预警模式。全国 31 个省（自治区、直辖市）、323 个市（地、州）、1880 个县（市）建立了地质灾害气象预警预报体系。区域预警与社区防范结合更加紧密。二是积极参与减灾委"国家自然灾害救助管理信息化工程"及抗震救灾指挥部"抗震信息共享网络平台"交流合作。三是与交通部联合下发《交通运输部、国土资源部、国家铁路局关于加强铁路公路水路沿线及在建工程地质灾害防范工作的通知》，提升多部门、多区域信息共享与联动。四是继续加强与水利、教育、环境保护、住房城乡建设、旅游、能源和科技等部门协调联动，开展相关领域的地质灾害防治工作，在评估与监测等方面进展显著。五是继续深化改革，创新特、重大地质灾害防治管理体制。在 2013 年开展云南地质灾害综合防治体系建设试点基础上，与财政部密切配合，形成中央财政按区域支持地质灾害防治重点省份和按发灾频度支持其他省份的新机制，增加四川、甘肃、湖南三省为综合防治体系建设省份，中央财政支持资金 31 亿元。继续完善落实国务院批准同意的三峡库区地质灾害防治长效机制，进一步简化三峡后续规划地灾项目实施报批程序，建立库区地灾防治工作部际会商制度。

（四）坚持监测预警与调查排查督导

一是坚持地质灾害气象风险预警。全年共发布地质灾害预警预报 165 次，制作预警预报制品 165 份（日常预警 153 份、应急预警 12 份）。其中，橙色预警 84 份、黄色预警 65 份。在中央电视台发布 84 份，在地质环境信息网、手机短信、手机报等媒体渠道发布 149 份。二是加强地质灾害早期调查识别。各地加快隐患调查与动态排查工作，全国完成地质灾害详细调查县（市、区）达到 686 个，完成勘查工作的隐患点达 23612 处。其中，贵州全面完成全省 88 个县（市、区）的详细调查工作；四川全年排查地质灾害隐患点 43265 处。**三是**认真做好地质灾害应急调查评估，指导应急防治。针对江南华南强降雨过程、云南省福贡滑坡、湖南省新晃堰塞湖、贵州福泉滑坡、重庆强降雨过程、鲁甸地震、景谷地震等突发灾情险情，均及时启动应急预案，先后派出 24 个工作组及专家组现场调查评估，指导地方政府做好应急防治工作。**四是**加强监督指导，开展巡查排查复查。我部全年共 32 次派出由部领导和司局负责同志带队的工作组赴三峡库区、四川、云南、贵州、湖南及甘肃等重点地区检查督促指导。组织 200 名国家级地质灾害应急专家分区包干，3000 余名其他各级应急专家在各地分区指导和驻守，在部分地区开展专业队伍包县、包乡技术服务。针对局地强降雨、台风等天气，各地充分发挥群测群防体系作用，做到雨前排查、雨中巡查、雨后复查，共组织督促检查组、隐患巡查组超万次。

（五）积极应对鲁甸地震

在鲁甸地震后，国土资源部迅速启动应急响应，组织力量帮助灾区开展地质灾害隐患排查、临时安置点选址及地质安全评估，提供航空遥感卫星影像技术服务，对地震灾区和全省地质灾害高易发区加密发布地质灾害预警信息，组织地质灾害应急监测与应急防治。及时将地震引发地灾险情情况、前方应急队伍工作情况、地质灾害排查情况及我部工作部署情况等向国务院报送值班信息，向中办、国办报送国土资源信息。同时，通过中央电视台等媒体，以专家访谈等多种形式，向社会公众解释说明次生地质灾害的危险性，宣传地质灾害防治知识，提醒灾区群众做好防范。9 月我部派出应急管理办公室主要负责同志，抽调国土资源部地质灾害应急技术指导中心、相关省国土资源系统 16 名专家现场指导震后次生地质灾害防治和灾后重建规划编制。根据国务院有关要求，参与《鲁甸地震灾后恢复重建总体规划》编制工作，承担了其中地质灾害排查及危险性评估部分牵头任务，全过程跟踪指导云南省编制鲁甸地震灾区灾后防治专项规划。

（六）促进综合应对能力建设

综合应对能力建设不断增强，保障措施逐步完善。**一是**应急队伍建设迅速发展，按照分级负责的原则，设立了地质灾害应急管理机构和应急专业技术支撑队伍。全国已有 21 个省份、161 个市、990 个县建立了应急管理机构，26 个省份、171 个市、420 个县建立了应急技术支撑机构。全国建成地质灾害防治高标准"十有县"432 个，发展群测群防监测员 30 万名，基本保证了隐患点群测群防监测全覆盖。各地应急专家队伍不断壮大，共有应急专家近 3000 名，基本满足了工作的需要。**二是**专业技术力量不断加强，共有国家级地质灾害应急专家 200 人、其他各级地质灾害应急专家

3000 余人分布全国各省(自治区、直辖市)指导地质灾害应急防治工作。通过培训演练、宣传教育等方式,调动社会各界力量开展防灾减灾,鼓励和促进大专院校、企事业单位、社会团体和志愿者队伍,参与地质灾害应急防治。**三是**加强队伍的组织管理,修订专家管理办法,明确参与地质灾害防治工作人员职责定位。各级职能部门完善监督考核制度,不断优化目标,细化工作内容。**四是建立地质灾害防治资金保障制度。**协同有关部门突出重点地加大防治经费投入力度。中央投入地质灾害防治专项资金 50 亿元,其中,云南、四川、甘肃、湖南扶持资金为 31 亿元,强化综合防治体系建设。鼓励企业和个人投入,不断拓展资金保障。五是建立地质灾害防治物资储备制度。针对地质灾害应急处置、勘查设计、施工、监测等方面的物资进行有效管理。

(七)突出科普培训演练

一是地质灾害培训演练与宣传工作有效开展。下发《国土资源部关于开展地质灾害防治知识宣传教育培训活动的通知》,启动全国集中开展地质灾害防治知识宣传教育培训活动,促进从"要我防"到"我要防"的观念转变,全国培训人次达 279 万。全国共组织开展演练 2.4 万余次,参加人数超过 220 万人。全国基本形成了省、市、县、乡分级实施的"金字塔"构型。综合应急演练和专项避险演练主要集中于县、乡两级,四川、重庆、湖南等省市还实现了桌面演练、专项演练、综合演练的有序配合。**二是**汛后总结成功经验,推广成果。总结各地防治工作经验,组织开展群测群防、监测预警工作经验交流,编制《2014 地质灾害防治这一年》《全国重大地质灾害与应急避险典型案例》,并通过通报、报纸、广播、电视和网络等形式,向各地推广宣传成功经验和做法。**三是**组织召开第三届世界滑坡论坛。以"我"为主,宣传我国地质灾害防治成就。

三、工作建议

2015 年是全国地质灾害防治"十二五"规划的收官之年,也是应对工作根本上台阶的关键一年。国土资源部将以党的十八大和十八届三中、四中全会精神为指导,全面贯彻落实党中央、国务院关于防灾减灾救灾工作的总体部署,深入研究把握经济发展新常态下地质灾害应对工作的需求,努力做好各项应对工作。

(一)做好新常态下地质灾害应对工作的统筹部署

把地质灾害防治作为维护群众权益工作的重要内容,以最大限度减少人员伤亡和财产损失为目标,做好调查评价,加强监测预警,实行群防群测,强化应急管理,全面提升地质灾害防治能力,服务地质环境生态文明建设。一是继续推进地质灾害防治高标准"十有县"建设,加快编制完善地质灾害防治标准规范体系,加强"一带一路"重要经济区、极端降雨落区等区域地质灾害监测预警,密切防范强降雨引发地质灾害；特别关注三峡库区、鲁甸和汶川等地震灾区。二是继续推进应急体系建设完善，全面推进应急队伍、应急技术支撑平台建设，大力推进应急业务标准体系建设，促进应对工作的规范化发展。三是狠抓落实，坚持做好应急值守、狠抓监测预警、应急调查排查与评估和应急防治指导等应对过程管理，克服松懈、麻痹等思想。四是进一步加强地质灾害趋势会商、应急总结评估和案例分析研究，加大灾情险情网络直报系统推广力度，深入推进综合防治体系建设，提高易发区生态文明建设服务科技水平，促进经济社会发展和生态效益的有机统一。

（二）健全应急体系与完善应对机制

一是启动《国家突发地质灾害应急预案》修编工作，调研评估2006年以来预案执行情况，梳理修编意见和建议，结合新阶段突发公共事件应急管理的形势、任务和能力，予以修编完善。二是深化国土资源部、中国气象局在全国地质灾害气象风险预警预报工作中的合作水平，不断推进向县级预警预报工作的延伸，稳步推进对预警响应联动机制的探索，逐步健全完善预防预警机制。进一步加强与水利、气象、地震、交通、建设等相关部门的协调配合，加强联防联控。三是继续发挥好三峡库区、地震灾区和重特大灾害联席会商机制，指导做好日常防范和应急防治。四是发挥好武警黄金部队应急救援力量。五是围绕大局，加强重大地质灾害事件及热点问题的舆论引导，正确指导媒体为防灾减灾服务。

（三）提升防灾减灾科技创新与支撑能力

加强科技攻关，培养技术与管理人才，提高地质灾害综合防治能力。在地质灾害防治理论研究、新技术新装备研发、基地平台建设等方面大力推进地质科技创新，紧紧围绕国家重大防灾减灾救灾需求，发挥地质科技进步的引领支撑作用，促进理论成果的转化应用，加强科普宣传与培训演练，提高新时期地质灾害综合防治水平。加强部门联合攻关，推进地质灾害气象预警平台建设和精细化水平，开展重点县、市气象预警交流，推进部门联合建设四川青川地质灾害气象风险预警研究基地。启动全国重大地质灾害案例库建设，确保易发省（自治区、直辖市）地质灾害应急会商的互联互通，研究编制应急调查与评估技术标准，逐步完善应急技术支撑平台。

在6月1日至9月30日期间，进一步在全国范围内集中组织开展地质灾害防治知识宣传教育培训活动，强化由"要我防"到"我要防"的观念转变。借助中央电视台及其他新媒体，丰富科普宣传形式，建设培育全国减灾科技传播专家团队，促进科普培训系统化常态化。在地质灾害易发地区，进一步加强地质灾害隐患避险防范演练，切实提高基层预案实效性，提高社区自救互救能力。

四、典型案例分析

（一）云南省芒市"7·21"大型泥石流灾害

1.基本情况

2014年7月21日6时许，云南省德宏州芒市芒海镇户那村民小组发生大型泥石流灾害，共造成14人死亡、6人失踪、7人受伤。

2.调查处置

灾害发生后，我部启动地质灾害三级应急响应，派出应急队伍和专家组开展应急调查评估、划定搜救区域、规划撤离路线及临时安置点、布设群测群防监测网，进行现场自救互救知识宣传，指导当地政府做好应急防治。调查认为该泥石流是强降雨引发的高流速淤埋式山洪－泥石流灾害，具有以下特点：

（1）物源丰富。沟谷岩土体主要为寒武系石英砂岩，风化程度高，多呈含碎石砂土状，残坡积松散层厚度1.5～3.0米，松散物质储量大，为泥石流的形成提供了充足的物源。

（2）地形地貌。"V"型沟谷岸坡陡峻，主沟相对高差与纵坡大，沟道狭窄，束流作用强。条件有利于泥石流发生。

（3）降雨作用。10日以来累计降雨量369.4毫米，其中20日20时至21时1小时雨强达102.4毫米，导致沟内物质达饱和状态，沟内形成大流量洪水，为泥石流的发生提供了充足的水动力条件。

（4）链式危害。降雨引发岸坡滑坡、塌岸和坡面泥流，堵塞沟道形成多处堰塞坝塘，大量粗大树干堆积夹杂大块石加剧堰塞作用，在持续洪流冲击下，形成多米诺式连续溃决，形成泥石流灾害。

3.评估分析与启示

该案例在西南山区具有典型性。近年来，受降雨、地震和人为活动等多因素影响，地质环境条件及地质灾害易发性产生了显著变化。要不断加强地质环境动态调查监测及县级预防预警和先期处置能力建设，坚持不懈抓好隐患点预警信息发布工作，提升群众主动防范意识和自救互救能力。

（二）四川省丹巴东谷乡二卡子沟泥石流灾害

1.基本情况

2014年8月9日凌晨2时左右，甘孜州丹巴县东谷乡二卡子沟发生特大泥石流灾害，冲出泥石流物质60余万立方米，冲毁房屋10栋，并造成85栋房屋严重受损。无人员伤亡。

2.调查处置

8月8日16时后，省、州、县国土资源部门先后发布了强降雨地质灾害预警信息，专职监测员加密监测，包村干部和村组干部提醒群众做好避险撤离准备。8月9日凌晨1时58分，位于上游三卡村监测点的专职监测员发现沟内水流出现断流、谷坡滑塌现象，采取了敲锣、燃放烟花、拉响手摇报警器等方式发出预警信号。当地群众迅速按照防灾预案疏散撤离，2时08分1521名受威胁群众全部撤离至安全地带。2时13分爆发特大泥石流灾害。根据调查，二卡子沟流域面积约38平方千米，由2条支沟发育构成，溯源侵蚀严重，坡积物较丰富。主沟长约15千米，主沟床平均比降110‰~130‰。本次泥石流冲出的物质主要来源于右侧的卡龙沟，总规模约60万立方米，最大石块3.0米×3.0米×2.5米，多为20厘米~80厘米块石。根据灾情统计，共损毁房屋95栋，无人员伤亡。

3．评估分析与启示

这个案例反映出只有早期预防、持续监测、及时预警和有序撤离等各群测群防环节紧密结合运转有序，才能实现成功避险，这些离不开平时的科普宣传和培训演练。要及时总结已有应急避险案例经验和不足，针对当前全国基层地质灾害防治工作实际情况，重点加强科普宣传培训和应急演练，不断促使广大群众从"要我防"到"我要防"的防灾减灾观念转变。

（三）重庆"8·31"群发地质灾害

1．基本情况

8月31日至9月1日期间，渝东北云阳、奉节、巫山、巫溪、开县等5个重灾县受集中强降雨影响，引发地质灾害2340起。除云阳县江口镇黄沙包滑坡泥石流链式灾害造成11人死亡外，其余有14起灾害共造成21人死亡、10人失踪。因处置及时、紧急撤离，避免1.6万余人伤亡，确保了场镇和居民聚居区未发生群死群伤事故。

2．调查处置

根据地质灾害气象预警，雨前启动避险防范部署，落实已知隐患点受威胁群众的避险撤离。在暴雨期间，对地质灾害防治工作紧急动员和部署，现场逐一调查落实防灾处置方案。省、市、县各级国土资源行政主管部门驻守重点区县，参与抢险救灾和督导工作。在相关区县的统一指挥下，与水利、交通、市政等部门协同配合，1000多名国土干部，300多名地质专业人员、近2000名片区地灾防治专管员、近7000名群测群防员，24小时现场监测，组织受灾群众防灾自救，应急避险群众近5万人。国土资源部区片专家驻守指导，各区县增派地质灾害应急救援队专家技术力量和应急装备，共派驻技术专家300余名、应急救援车辆99辆、专业监测设备50台套、无人飞机7架、应急救援艇2艘。

根据调查评估，极端降雨是此次区域群发地质灾害的主要诱因。雨量监测数据显示，8月31日至9月1日，有166个雨量站达暴雨，141个雨量站达大暴雨，云阳、奉节局部最大降雨量超过了 400 毫米。根据应急排查,本轮降雨引发地质灾害 2340 起,为前 5 年年均水平 23.4 倍,时空分布集中。其中,规模超过 100 万立方米的滑坡超过百处。

3. 评估分析与启示

该案例是区域强降雨引发地质灾害典型应对案例。极端气候事件已成为常态,要不断加强地质环境动态监测和全民防灾机制,提升基层防灾能力。此次暴雨期间,重庆市采用的"点、线、面"结合的查灾防灾方法快速有效,积累了应对工作经验。实践检验证明,全民防灾机制是防灾抗灾的基础,四级防灾责任是根本,群测群防体系是关键。要不断推进应急人才队伍建设,鼓励创新驱动技术装备研发和应急防治科学技术攻关。

2014 年度三峡库区地质灾害
防治工作指挥部工作情况总结

　　2014 年，在部地质环境司、三峡库区地质灾害防治工作领导小组办公室和中国地质环境监测院的正确领导下，三峡库区地质灾害防治工作指挥部深入学习和贯彻落实党的十八大、十八届三中全会和四中全会精神，紧紧围绕三峡库区地质灾害防治工作中心，开展了三峡工程整体验收移民工程地质灾害防治竣工验收、三峡后续工作地质灾害防治，有序推进了各项工作。三峡库区地质灾害防治工作指挥部全体同志齐心协力，认真履职，圆满完成了今年的目标任务，取得了良好的成效。

一、以三峡库区地质灾害防治为工作中心，进一步加强库区地质灾害监测预警体系和地质灾害应急体系建设，不断强化督促检查指导协调，发挥技术支撑作用，服务生态文明建设

（一）长江三峡工程整体验收移民工程地质灾害竣工验收区县自验和省市初验工作已基本完成，为国家最终验收奠定了良好基础。

　　编制完成了《长江三峡移民工程地质灾害防治竣工验收大纲》（简称《验收大纲》）以及验收报告提纲及附表。验收大纲明确了竣工验收内容、验收工作重点、验收组织机构及职责、细化验收方法及评定标准，对验收工作进行了整体安排，明确了需要提交的验收成果，对验收报告（含档案验收）、附表等内容进行了统一和规范。指挥部在三峡库区二期和三期地质灾害防治工作中，具体承担了地质灾害防治信息系统和科学研究组织实施工作。按照验收大纲要求，进行了三峡库区二期和三期地质灾害防治信息系统和科学研究的总结，编制了《三峡库区地质灾害信息系统成果总结报告》和《三峡库区地质灾害防治科学研究成果总结报告》，开展了自验工作。在湖北省和重庆市开展的地质灾害防治竣工验收工作中，积极支持地方验收工作，派员对区县自验和省市初验的要求进行了详细讲解，及时答疑解惑，有力促进了验收工作的顺利进行。

（二）加强地质灾害趋势预测研判，认真组织监测预警和信息系统项目实施，强化地质灾害防治督促检查指导协调，持续保持零伤亡。

指挥部认真履行监督检查工作职责，强化督促检查指导，主要完成了2014年地质灾害趋势预测研判、三峡后续工作地质灾害防治项目稽查、三峡后续工作地质灾害防治年度实施方案编制、监测预警和信息系统项目实施、地质灾害防治监督检查协调指导、资料汇交与信息化等多项工作，具体包括：

地质灾害趋势预测研判。根据三峡工程6年175米蓄水和水位消落至145米的反复变化过程中崩塌滑坡和塌岸稳定性的变化情况，结合2014年气象预测等信息，进行了三峡库区地质灾害的分析，判研了变形滑坡发展趋势及发生新生地质灾害的可能性，编制完成了《三峡库区2014年地质灾害趋势预测报告》、《生态环境公报》和《国土资源科普基地年度工作总结报告（2014年)》，支撑了2014年度地质灾害防灾重点工作安排。

地质灾害防治项目稽查。具体协调湖北省和重庆市三峡后续工作地质灾害防治管理机构，配合完成了三峡后续工作规划2011年度和2012年度项目稽查工作，指挥部承担的"三峡库区地质灾害群测群防监测预警分析与指导"、"三峡库区地质灾害专业监测预警分析与指导"、"三峡库区地质灾害防治信息化建设"三个项目接受了稽查，并提交稽查报告。

地质灾害年度实施方案。指挥部组织了三峡后续工作地质灾害防治年度实施方案编制，负责编写了《专业监测建设和预警分析与指导》《群测群防监测建设和预警分析与指导》《地质灾害监测重点监测能力建设》《地质灾害应急分中心能力建设》等监测预警与应急抢险类项目设计《三峡库区地质灾害防治后续信息系统建设总体设计》《三峡库区地质灾害预警指挥系统建设总结报告项目》等信息系统类、地质灾害科学研究类以及其他费用类项目设计，并汇总形成了年度实施方案。

地质灾害监测预警项目实施。结合"三峡库区地质灾害专业监测设施检查维护"对136处滑坡229台自动监测设备进行了全面维护和保养；基于GSM/GPRS/CDMA的监测数据自动采集和传输系统，自动采集的监测数据纳入数据库进行管理和使用，实现了监测资料的实时采集、传输、存储和利用，库区116个自动雨量监测站和6个多参量气象站持续发挥作用，新增50.2万条库区气象降雨数据，入库实时观测气象数据约600万条，气象监测能力大幅增强。"三峡库区降水资料处理和分析系统"、"三峡库区降水精细化预报系统"、"三峡库区短时临近降水预报系统"、"三峡库区地质灾害气象预警分析显示及发布系统"运转正常，继续发布库区地质灾害气象预警的系列预报产品，服务于区县地质灾害防治工作；指挥部还进行了库区地质灾害群测群防和专业监测的监测数据收集、整理、汇总和分析，及时对地方开展了群测群防和专业监测技术指导工作；完成了防治信息系统的年度建设任务；完成了三峡库区地质灾害防治信息系统建设2014年设计工作任务；完成了库区各、省市区县、指挥部后续地质灾害防治项目相关的组织实施工作。

防治工作监督检查协调指导。按部要求，切实加强库区地质灾害防治工作监督检查协调指导，完成了三峡库区地质灾害防治治理工程、监测预警体系、专业监测和群测群防的检查工作，督促地质灾害防治任务和责任的落实到位，为后续地质灾害防治工作提出建议和对策；派出技术人员参加了三峡办水库司组织的三峡工程175米试验性蓄水水位消落期巡库检查工作，调研了解情况，及时向领导小组办公室报告，做好支撑服务；组织工程技术人员对湖北省三峡库区未列入三峡后续规划的原监测点进行了现场核查，据此完成了《湖北省三峡库区未列入三峡后续规划的原监测点进行现场核查报告》，指导地方开展工作。

2014年全库区范围内共发现崩塌滑坡和不稳定库岸326处。仅8月31日至9月2日三峡库区连降大暴雨期间，地质灾害就对近3万人的生命安全带来严重威胁，应急转移搬迁3.1万余人，造成经济损失5.1亿元。在湖北省、重庆市各级国土资源管理部门和地质环境监测机构的共同努力下，工作到位，及时预警并应急撤离，全年三峡库区未发生因地质灾害造成人员死亡失踪，连续12年保持库区地质灾害防治"零伤亡"。

（三）坚持地质灾害值班、应急值守、日报和应急专家驻守制度，及时有效开展地质灾害应急工作，指导服务地方政府防灾减灾工作。

指挥部落实了三峡库区全年电话值班制度，坚持汛期和汛后蓄水期的地质灾害防治日报告制度，全年编制地质灾害日报107期，专报10期，及时报告库区地质灾害防治情况和灾（险）情，向地方传达相关要求，指导防灾减灾；实施了24小时汛期地质灾害应急值守制度，落实了应急专家组工作制度，根据监测预警信息，对地质灾害险情及时响应，组织实施了应急调查，2014年对秭归、巫山、奉节和云阳四个重灾县的15处滑坡灾（险情）进行了应急调查，分析了滑坡的成因和发展趋势，提出了险情应急处置建议，指导专业监测和群测群防监测工作，有力支持了地方政府防灾减灾。云阳县委县政府对指挥部的地质灾害应急工作给予了高度肯定，并向指挥部发了感谢信。

（四）进一步加强地质灾害防治工程资料管理与信息化工作，加强网络维护确保平台运行，发挥区域性信息中心作用。

治理工程资料归档整理入库。2014年度组织专班深入库区检查验收地质灾害防治工程项目档案5次，涉及巴东、兴山等8个区县，开展档案管理与检查、验收和移交及使用工作，采集了治理工程73个项目成果资料（数据量140G），信息系统数据得到了极大丰富；对三期科研成果及库区监测预警防治资料立卷归档。管好资料档案以保障库区地质灾害防治任务的顺利完成。对巴东县、兴山县和宜昌市国土资源局负责管理的治理工程档案及信息化成果进行指导检查，加强联系及时跟进全面指导。

夯实基础推进信息系统建设。编制完成了地质灾害防治信息化的 6 项标准和信息系统建设总体设计，优化了系统的公共组件和数据采集软件，统计上报库区地质灾害防治进展，较好地发挥了信息系统作用；对"公共组件开发及办公管理系统优化"项目进行测试和试运行，进行了系统优化升级；对"监测预警数据采集系统"和"治理工程数据采集系统"更新升级；对重庆市忠县后续地质灾害治理工程资料进行了现场采集入库，满足信息化的需要；整理了近 50 年的降雨数据约 35.5 万条；整理二、三期信息系统建设 33 个项目提交的成果文档，共入库 677 个文件 17.9G，丰富了信息系统项目成果库数据。

加强网络维护确保平台运行。加强指挥部计算机网络系统，库区区县地质环境监测站、省市地质环境监测总站的计算机广域网系统维护工作，计算机网络系统硬／软设备的安装调试工作，预警指挥系统网络调试工作和应急远程会商调试等工作；通过对全库区 28 个监测站（含重庆总站和宜昌站）网络子系统的远程连接访问实现了系统维护和专线网络的故障排查，保证了网络系统的稳定安全运行，保证了视频会议系统、卫星传输系统和专线网络正常工作，为防治工作正常开展提供了稳定的网络服务保障。

（五）试验基地综合楼改造工程竣工验收，实验基地建设取得重要进展。

三峡库区地质灾害监测预警实验基地完成了综合楼改造工程施工，大楼综合布线和安全监控工程布设完成，在消防专项验收基础上开展了施工竣工验收，综合楼投入使用后三峡库区地质灾害监测预警实验基地工作环境将得以极大改善。

（六）加强成果资料汇总整理研究，支撑库区地质环境影响调查和日降幅影响研究项目，加强成果转化应用，服务生态文明建设。

三峡生态与环境监测公报编制。完成了三峡工程生态与环境监测公报——《三峡工程生态与环境监测系统蓝皮书（2013 年）》地质环境主题综合分析报告和重点站地质环境专题分析报告，展示了地质环境保护和地质灾害防治成果。

三峡地质灾害防治图册编辑定稿。《锁危固基——三峡库区地质灾害防治图册》于 2014 年编辑定稿，画册系统全面展示了三峡库区地质灾害防治工程实施过程，实描了三峡库区地质灾害发育情况及危害，治理工程、监测预警工程建设与运行以及地质灾害防治成果。

《三峡库区地质灾害防治信息系统建设论文集》。分地质灾害防治信息系统与预警指挥系统建设、地理信息系统技术方法及应用、数据仓库与数据挖掘、地质灾害稳定性评价、地质灾害预测预报、遥感技术等七个专题，对三峡库区地质灾害防治信息系统建设成果进行汇总出版发行，展示了三峡库区地质灾害防治信息化成果。

地质环境影响调查通过专家验收。按照进度要求，完成了《三峡水利枢纽竣工环境保护验收地质环境影响专题调查》野外调查工作，在收集分析了工程前期、建设期和试运行期环境地质资料的基础上，对库区地质灾害状况、不稳定岸坡分布和发展变化情况、地质灾害监测网点建设及运行情况、治理措施落实情况及效果等进行了调查，汇总编制了《三峡水利枢纽竣工环境保护验收地质环境影响专题调查报告》，2014 年 4 月通过了国家环境保护部组织的专家审查，修改完成后提交中国水利水电顾问集团进行汇总，为三峡水利枢纽竣工环境保护验收奠定了良好的基础。

完成了日降幅研究项目野外工作。"三峡水库水位日降幅对地质灾害防治工程影响的调查评价研究"项目招投标、设计审查、培训、资料验收会议进展顺利，按照合同要求完成了野外成果资料验收和年度工作任务，各个承担单位目前转入室内资料整理和研究阶段。

二、推进三峡中心规范化制度化管理，实现管理工作上台阶

按照中国地质环境监测院对三峡地质灾害监测中心实施"全覆盖"管理的要求，三峡地质灾害监测中心在综合管理、人才队伍、财务工作、安全生产与保密等方面积极推进规范化制度化管理。综合管理方面，按照院规章制度，依据《中国地质环境监测院 2014 年工作目标责任表》确定的工作目标、任务和进度安排，以及三峡地质灾害监测中心综合管理规定，实行了分级分权管理，目标责任考核，提高了制度执行能力，基本实现管理工作制度化；人才队伍方面，实施了"给压力，挑担子"工程，在技术业务领域，选拔优秀人才承担三峡后续工作地质灾害防治、地质环境图系编制和行业协会组织的技术标准规范编制等项目，从实践中锻炼和提高专业技术水平和能力，提高队伍整体素质；财务工作方面，把三峡地质灾害监测中心的收支纳入院部门预算进行统一管理，以预算管理为核心，严格预算执行和专项资金管理，逐步规范预算管理与经济活动以及经济管理与业务管理协调推进；资产和设备管理方面，认真按照《国土资源部行政事业单位国有资产管理办法》和《中国地质环境监测院（应急技术指导中心）国有资产管理办法》执行，2014 年共进行政府采购设备 18 台套，完成了国土资源部国有资产管理信息系统、中国地质调查局装备动态管理信息系统、中央行政事业单位资产报表、中央行政事业单位国有资产年度决算报表的填报，同时对三峡中心所有资产进行了盘点检查，保证了设备的正常运行，发挥最大的经济性和时效性；安全生产方面，落实了安全生产责任制，加强了野外工作安全教育培训和安全检查，使用加油卡、高速公路 ETC 卡等强化管理，使用局

安全生产平台严格野外工作进行登记和审批，使用北斗 GPS 终端进行全程安全监控，使用车载 GPS 系统对车辆进行跟踪监控。全年车辆安全行驶，全年共进行安全检查 28 次，安全学习培训 26 次，应急演练 12 次，并及时登录中国地质调查局安全生产管理保障系统进行出队审批、安全检查及月报的上报，安全生产实现零事故的目标；保密工作方面，加强文件保密管理，组织了 2 次计算机网络保密检查，组织了 2 人次参加湖北省和宜昌市国家保密局与中国地质环境监测院保密培训，加强保密工作监督和检查，整改隐患，没有发生泄密事件。

三、进一步加强党建和精神文明建设，为和谐稳定和发展改革提供坚强保障

按照中国地质环境监测院党委"服务中心、建设队伍"两大核心任务要求、工作要点和计划，组织开展了支部工作，及时组织学习党的十八届三中、四中全会精神和院相关文件，传达贯彻执行党的路线、方针、政策，按时召开支部大会、支委会及民主生活会，听取职工的不同意见，开展批评与自我批评，落实了入党积极分子的培养工作，积极组织党支部创先争优，开展了全面推进依法治国的党课讲授工作，通过专项整治和整改落实，干部群众关心的、反映强烈的突出问题得到较好解决，党员干部作风明显改进，开展了群众路线教育实践活动整改落实"回头看"，对整改落实的进展、效果和存在问题进行认真对照检查，确保群众路线实践活动的实效；深化作风建设和党风廉政建设，切实解决作风方面存在的问题，加强对贯彻落实中央八项规定的监督，及时传达党风廉政建设要求，落实党风廉政建设责任制及"一岗双责"制度，切实把"八问"为主要内容的责任传导机制落到实处。

组织职工参加中国地质环境监测院文化主题实践活动，用新时期院精神和核心价值理念引领职工，编制了 2014 年工会工作计划和活动安排，组织参加了院茶话会等相关活动，大力推进文明创建活动，不断引导工会参政议政，引导职工为院和谐发展和改革发展建言献策，发挥工会对行政工作的监督和促进作用，促进了工作迈上新台阶。

四、转变观念理清思路，围绕中心谋求发展

根据三峡库区地质灾害防治工作要求和三峡后续工作地质灾害实施规划，拟定 2015 年工作思路：一是不断加强三峡库区地质灾害防治后续规划项目实施的协调、指导、监督和检查，认真履行职能，支撑部、局、院工作；二是进一步推进三峡库区地质灾害监测预警实验基地建设，继续推进三峡库区地质灾害监测预警体系建设，培养人才，改善基地条件，系统总结三峡库区地质灾害防治技术，在试验研究、技

术培训和推广应用等方面建成全国地质灾害防治试验示范创新基地；三是建立和完善三峡库区地质灾害防治信息中心，支持地质灾害防治管理和决策。

2015 年重点工作：一是三峡库区地质灾害防治工作技术支持。履行领导小组办公室赋予的三峡库区地质灾害防治工作指挥部的职能，切实发挥三峡库区地质灾害监测重点站作用，提升地质灾害防治信息与预警指挥系统服务能力；二是推进三峡库区地质灾害监测预警体系和应急技术支撑体系的建设与完善，推进三峡地质灾害防治监测预警实验基地建设和信息化建设，提升应急技术支撑和综合分析能力，提升试验示范作用。

2015 年 2 月 15 日

第四部分　防灾通报

2014 年全国地质灾害灾情及 2015 年地质灾害趋势预测

一、总体情况

（一）2014 年总体灾情

2014 年全国共发生地质灾害 10907 起，共造成 349 人死亡、51 人失踪、218 人受伤、直接经济损失 54.1 亿元。特大型地质灾害有 61 起，造成 56 人死亡、21 人失踪、44 人受伤，直接经济损失 17.7 亿元；大型地质灾害有 135 起，造成 85 人死亡、8 人失踪、20 人受伤，直接经济损失 5.7 亿元；中型地质灾害有 790 起，造成 68 人死亡、6 人失踪、39 人受伤，直接经济损失 14.9 亿元；小型地质灾害有 9921 起，造成 140 人死亡、16 人失踪、115 人受伤，直接经济损失 15.8 亿元。

（二）分布情况

按区域：2014 年全国地质灾害分布在华北、东北、华东、中南、西南和西北 6 个地区 29 个省（区、市）（表 1—表 6）。其中，**华北地区** 57 起，死亡 14 人、失踪 3 人、直接经济损失约 1019.6 万元；**东北地区** 27 起，直接经济损失约 74.7 万元；**华东地区** 868 起，死亡 24 人、受伤 8 人，直接经济损失约 9680.2 万元；**中南地区** 6035 起，死亡 66 人、失踪 6 人、受伤 51 人，直接经济损失 8.6 亿元；**西南地区** 3617 起，死亡 194 人、失踪 42 人、受伤 148 人，直接经济损失近 43.5 亿元；**西北地区** 303 起，死亡 51 人、受伤 11 人，直接经济损失约 9330.8 万元。

表 1　华北地区灾情统计表

地区	灾情总数	死亡	失踪	受伤	经济损失 / 万元
华北地区	57	14	3	0	1019.6
北京	24	0	0	0	58.8
河北	12	0	0	0	222.1
山西	15	14	0	0	158.7
内蒙古	6	0	3	0	580.0

表2　东北地区灾情统计表

地区	灾情总数	死亡	失踪	受伤	经济损失 / 万元
东北地区	27	0	0	0	74.7
辽宁	1	0	0	0	0.0
吉林	25	0	0	0	74.7
黑龙江	1	0	0	0	0.0

表3　华东地区灾情统计表

地区	灾情总数	死亡	失踪	受伤	经济损失 / 万元
华东地区	868	24	0	8	9680.2
江苏	7	0	0	0	2270.2
浙江	243	5	0	6	3929.0
安徽	126	0	0	0	590.4
福建	87	4	0	0	518.7
江西	394	15	0	2	2317.0
山东	11	0	0	0	54.9

表4　中南地区灾情统计表

地区	灾情总数	死亡	失踪	受伤	经济损失 / 万元
中南地区	6035	66	6	51	86460.0
河南	31	0	0	0	128.8
湖北	493	16	0	11	16082.2
湖南	4740	33	5	32	61037.6
广东	422	6	0	5	5485.0
广西	330	11	1	3	2406.0
海南	19	0	0	0	1320.4

表5　西南地区灾情统计表

地区	灾情总数	死亡	失踪	受伤	经济损失 / 万元
西南地区	3617	194	42	148	434651.0
重庆	1318	51	4	11	187137.5
四川	850	7	0	22	75128.5
贵州	707	53	1	52	65373.0
云南	644	83	37	60	95552.0
西藏	98	0	0	3	11460.0

表6　西北地区灾情统计表

地区	灾情总数	死亡	失踪	受伤	经济损失 / 万元
西北地区	303	51	0	11	9330.8
陕西	172	43	0	11	4438.7
甘肃	83	2	0	0	3590.8
青海	27	0	0	0	42.0
宁夏	6	0	0	0	38.0
新疆	15	6	0	0	1221.3

按受灾对象分：危害居民生命财产的较大地质灾害有 4789 起，造成人 233 死亡、37 人失踪、159 人受伤，直接经济损失 22.8 亿元；危害农业的较大地质灾害有 1554 起，造成 54 人死亡、4 人失踪、21 人受伤，直接经济损失 26.7 亿元；危害公路交通设施的较大地质灾害有 481 起，造成 38 人死亡、6 人失踪、22 人受伤，直接经济损失 2.7 亿元；危害社会公共设施的较大地质灾害有 83 起，造成 1 人死亡、1 人受伤，直接经济损失 4753.2 万元；危害工业设施的较大地质灾害有 34 起，造成 22 人死亡、4 人失踪、6 人受伤，直接经济损失 3335.2 万元；危害教育设施的较大地质灾害有 30 起，造成直接经济损失 57.9 万元；危害水利水电设施的较大地质灾害有 22 起，造成直接经济损失 2194.5 万元；危害矿山的较大地质灾害有 11 起，造成 1 人死亡、8 人受伤，直接经济损失 917.0 万元；危害其他行业的较大地质灾害有 11 起，造成 1 人受伤，直接经济损失 397.6 万元。

（三）与 2013 年对比情况

与 2013 年相比，2014 年地质灾害发生数量、造成死亡失踪人数和直接经济损失均有所减少，分别减少 29.2%、40.2% 和 46.7%（表 7）。

表 7　2014 年与 2013 年地质灾害基本情况对比表

	发生数量 / 起	死亡失踪 / 人	直接经济损失 / 亿元
2014 年	10907	400	54.1
2013 年	15403	669	101.5
较 2013 年增减数量	−4496	−269	−47.4
较 2013 年增减比例 (%)	−29.2	−40.2	−46.7

（四）成功预报情况

全国共成功预报地质灾害 417 起，避免人员伤亡 33723 人，避免直接经济损失 18.1 亿元。

二、突出事件及处置情况

（一）"6·30"云南福贡大型滑坡灾害

2014 年 6 月 30 日 9 时 20 分许，云南省福贡县上帕镇腊吐底村俄玛底木本尼发生大型滑坡地质灾害。截止 2014 年 7 月 8 日，滑坡体掩埋了其下部的政芳水泥免烧砖制砖厂，此次灾害共造成 9 人死亡、6 人失踪、3 人受伤。

灾害发生后，国务院总理李克强、副总理张高丽等有关领导分别作出重要批示。我部立即启动四级应急响应，随后提高到三级，派专家组赴灾害点及周边区域指导排查，防止类似灾害发生造成人员伤亡。云南省政府工作组和地质灾害应急调查专家组对福贡"6·30"滑坡特征、灾害形成的地形地貌、岩土体结构进行了现场调查，提交了《云南省福贡县上帕镇腊吐底村俄玛底木本尼"6·30"大型滑坡地质灾害应急调查报告》，我部专家组参与了灾情分析与讨论。报告对灾害形成原因分析如下：

1．腊吐底河左岸多为基岩出露，但在滑坡形成的河段为残坡积、崩积堆积体，一般厚度 6～12 米，局部大于 15 米，为混合土，土体易饱水，岩土接触面和层内黏土带易形成滑坡的软弱结构面，滑坡发生在该土层内。

2．地形陡峻，坡度为 30°～40°，河道在此转弯，滑坡处于凹岸影响带，地形地貌条件有利于产生滑坡。

3．该地区地质构造复杂，滑坡附近有一条近南北向断裂通过，受断裂影响，基岩节理发育，岩石破碎。

4．滑坡发生部位的前缘腊吐底河在今年 5 月 10 日发生过一次大规模泥石流灾害，由于监测人员及时预警，紧急转移危险区群众，灾害未造成人员伤亡，但泥石流对两侧岸坡侧蚀和冲蚀明显，滑坡区河段原有挡墙、道路被泥石流全部冲毁，造成斜坡前缘减载，是滑坡发生的一个重要影响因素。

5．根据气象部门提供的降雨资料显示，灾害发生区域在今年 5 月前后有多次连续降雨及强降雨，6 月 15 日后降雨显著减少。前期连续降雨导致地下水位上升，土体呈过饱和状态，抗剪强度降低。近期降雨减少导致地下水位快速下降，地下渗流加强，导致斜坡稳定性降低，引发滑坡。

综上所述，该滑坡为自然因素引发的复合式土质滑坡。

（二）"7·9"云南福贡大型泥石流灾害

2014 年 7 月 9 日凌晨，云南省怒江州福贡县匹河乡沙瓦河发生泥石流灾害，造成 17 人失踪、1 人受伤。

灾害发生后，国土资源部高度重视，立即启动了地质灾害三级应急响应，派出部应急中心专家组赶赴现场开展应急调查工作。部专家组到达灾害现场后，与省专家组共同开展沙瓦河泥石流应急调查工作。野外调查工作结束后，与当地国土资源系统召开座谈会，研讨"7·9"沙瓦河泥石流应急救援与处置工作以及怒江流域下一步地质灾害防灾减灾工作，分析福贡县匹河乡沙瓦河"7·9"大型泥石流灾害发生的主要成因如下：

1．地形条件：该泥石流沟位于怒江左岸，为怒江一级支流。流域最大高程 3712 米，沟口高程 1053 米，相对高差 2659 米，纵坡降大，平均约 332‰。两岸山体坡度 30°～40°，沟道狭窄、陡峻。流域及沟谷形态为泥石流的形成提供了有利的地形条件。

2．物源条件：物源区河段岩性为片麻岩、变粒岩、花岗质混合岩，沟道中上游有两条近南北向断裂通过，受断裂影响，岩体节理裂隙发育，山体表面完整性差，风化强烈，残坡积物一般厚 2～5 米。因此该沟能够参与泥石流启动的松散物比例高，物源丰富，利于泥石流的发育。

3．水动力条件：沙瓦河流域受印度洋季风气候和太平洋季风气候的双重影响，降雨量大，年均降雨量1443.3毫米，且多集中在春夏季节。根据气象部门提供的降雨资料显示，灾害发生区域在今年5～6月有多次连续降雨及强降雨，7月9日凌晨2～3时，沙瓦河发生强降雨，1小时降雨量达28毫米。据调查访问，当晚中上游区域降雨量达到暴雨级。强降雨为该泥石流的发生提供了充足的水动力条件。

4．植被加剧作用：流域内植被发育，但多树少草。河沟两侧山坡陡峻，山坡树木根系较浅，易被流水冲蚀冲倒，沟内残存大量树干树枝杂物及冲坡积物。流水和泥石流发生时，流通不畅，易造成局部淤积、堵塞，以致溃决，加剧了泥石流的破坏力。

综上所述，福贡县匹河乡沙瓦河"7·9"大型泥石流灾害是在特定的地质环境条件控制下，由局地强降雨引发的大型地质灾害。

（三）"7·16"湖南安化大型滑坡灾害

2014年7月16日9时许，湖南省益阳市安化县马路镇潺溪口村发生滑坡灾害，滑坡位于柘溪水库库区，滑坡激起30米高涌浪冲向对岸村庄，造成10人死亡、2人失踪、5人受伤。

接到报告后，我部立即启动四级应急响应，指派部华南区片专家会同当地国土资源主管部门共同开展地质灾害调查排查和指导抢险救灾等工作。根据国务院领导批示精神和湖南省当前地质灾害严峻形势，我部将地质灾害应急响应级别提高到三级，加派部应急技术指导中心专家组赶赴现场协助应急处置，指导灾害周边区域应急调查、巡查和监测预警工作，加强类似地质灾害的防范。湖南省地质灾害应急调查专家组对滑坡特征、形成原因进行了现场调查，提交了《湖南省益阳市安化县马路镇潺溪口村唐家溪滑坡地质灾害应急调查报告》，我部专家组参与了灾情分析与讨论。报告对滑坡特征、形成原因分析如下：

1．按物质组成划分，属于岩质滑坡。滑坡体斜长240米，宽度110米，平均厚度7米，体积约12.3万立方米，主滑方向为290°，平均坡度33°。滑坡体下滑堆积于坡体前缘及柘溪水库中，造成85米宽水道全部堵塞。

2．地貌因素：陡峭的地形和顺向层理是滑坡形成的控制因素。该地区属于侵蚀构造低山地貌，出露基岩为南华系南沱组冰碛砾岩，岩层产状为280°∠40°，斜坡结构类型为顺向斜坡。

3．地质因素：基岩表层风化强烈，发育2组交切节理，岩体破碎，局部块裂松散，结构受到破坏，降低了岩层面抗滑力。

4．物理因素：滑坡体坡脚长期遭受柘溪水库的浸泡、侵蚀，导致底部基岩软化，抗剪强度显著降低，降低了坡体抗滑稳定性。

5. 人为因素：在滑坡体前缘中部，村民切坡修路造成临空面。由于斜坡体为顺层斜坡，在坡体自重长期作用下，后缘坡体逐渐向临空面挤压，破坏了斜坡本身的稳定性。

6. 引发因素：连日强降雨为此次滑坡发生的主要引发因素。连日强降雨入渗，使坡体滑动面（带）中饱含地下水，大大降低了滑面抗滑力。根据省气象台降雨统计资料，自 7 月 12 日 0 时至 17 日 8 时，安化县 250 毫米以上站点 25 处，最大降雨站点为马路镇六步溪站，累计降雨量达 481.9 毫米。

（四）"7·21"云南芒市大型泥石流灾害

2014 年 7 月 21 日 6 时许，云南省德宏州芒市芒海镇户那村民小组发生大型泥石流灾害，共造成 14 人死亡、6 人失踪、7 人受伤。

灾害发生后，我部立即启动地质灾害四级应急响应，派出西南片区专家赶赴现场会同当地国土资源主管部门共同开展地质灾害应急调查和抢险救灾工作，根据国务院领导批示精神，我部随即将地质灾害应急响应提升至三级，加派由部应急技术指导中心负责同志带队的专家组赶赴现场协助应急处置，指导灾害周边区域应急调查、巡查和监测预警工作，加强类似地质灾害的防范。云南省地质灾害应急专家组对泥石流灾害特征、形成原因进行了现场调查，我部专家组参与了灾情分析与讨论，认为户那泥石流是强降雨引发的高流速淤埋式山洪－泥石流灾害，具体成因如下：

1. 物源丰富。物源流通区主要为寒武系公养河群石英砂岩，风化程度高，多呈含碎石砂土状，残坡积松散层厚度 1.5～3.0 米，松散物质储量大，同时因降雨形成多处滑坡、塌岸及坡面泥流，为泥石流的形成提供了充足的物源。

2. 地形地貌条件有利于泥石流发生。沟谷呈"V"型，岸坡陡峻，主沟相对高差及纵坡大，沟道狭窄，束流作用强。

3. 近期连续降雨和短时雨强激发作用大。近期连续强降雨，7 月 10 日以来累计降雨量 369.4 毫米，其中 7 月 20 日 20 时至 21 时，1 小时降雨强度达 102.4 毫米。强降雨导致沟内松散土体呈过饱和状态，沟内形成大流量洪水，为泥石流的发生提供了充足的水动力条件。

4. 堰塞坝塘溃决作用。冲沟岸坡多处发生的滑坡、塌岸和坡面泥流堵塞沟道形成一系列的堰塞坝塘，沟内植被发育，大量粗大树干堆积夹杂大块石加剧堰塞作用，在持续的洪水冲击作用下，形成多米诺式连续溃决，酿成大型泥石流灾害。

（五）"8·27"贵州福泉大型滑坡灾害

2014 年 8 月 27 日 20 时 30 分，贵州省黔南州福泉市辖区内发生一起山体滑坡，滑体长 160 米，宽 140 米，体积约 141 万立方米，平面投影呈"簸箕形"，共造成 23

人遇难、22 人受伤。

灾害发生后，我部立即启动地质灾害四级应急响应，派出西南区片专家赶赴现场会同当地国土资源主管部门共同开展地质灾害应急调查和抢险救灾工作。根据灾情及国务院领导批示精神，我部随即将地质灾害应急响应提升至三级，加派由部应急技术指导中心负责同志带队的专家组赶赴现场协助应急处置，指导灾害周边区域应急调查、巡查和监测预警工作，加强类似地质灾害的防范。贵州省地质灾害应急调查专家组对泥石流灾害特征、形成原因进行了现场调查分析，我部专家组参与了灾情分析与讨论，对滑坡的成因分析如下：

1．滑体物质。滑坡体物质主要由第四系（Q）残坡积成因粘土、亚粘土、碎石及震旦系上统陡山沱组（Z_1ds）中的风化白云岩、磷块岩、硅质岩组成。斜坡岩体破碎，层面顺坡向，节理裂隙发育，可见明显溶蚀现象，利于滑动破坏。

2．地形地貌。滑坡前后缘高差超过 150 米，前缘既有采坑构成陡立临空面，影响重力作用下的坡体累进变形。

3．长期降雨。2014 年 7 月以来，累积降雨量达 369 毫米。雨水入渗作用削弱坡体强度，加剧坡体失稳。

4．水文条件。前缘雨水汇集形成深水塘，在滑体下滑坐落冲击下形成高压水气流，使破坏力和危害范围激增。

综上所述，本次滑坡呈现了地形、地质、降雨多种因素影响下的滑坡→高压水气喷射→泥石流的链式危害特点。

（六）"9·1"重庆云阳大型滑坡灾害

2014 年 9 月 1 日 6 时许，重庆市云阳县江口镇团滩村发生滑坡灾害，滑坡体堵塞公路长约 140 米，部分滑塌体越过公路，滚落至公路下方永发煤矿主井口及工业广场，共造成 11 人死亡。

灾害发生后，当地政府迅速赶赴现场开展救援，重庆市土房局派出专家组开展应急调查，参与抢险救灾。我部启动地质灾害四级应急响应，派出部应急技术指导中心专家协助抢险救灾及地质灾害防范工作。专家组对都重庆市云阳县江口镇"9·1"大型滑坡灾害进行了调查分析，形成初步调查报告。报告对滑坡特征、形成原因分析如下：

1．按物质组成划分，属于岩质滑坡。滑坡体长约 80 米，宽 100 米，平均厚度约 2～4 米，总方量约 2 万立方米。滑塌体以砂岩为主，砂岩块石最大的直径约 2 米，粉质粘土其次，为坡体表层的崩坡积物。

2．地质因素：滑塌区位于马槽坝背斜中段南翼，地形陡峻。主要地层为侏罗系珍珠冲组砂岩夹泥岩，地层产状为 178°～182°∠39°～40°，主滑方向基本与地层倾角相同，属顺层滑动。

3. 地貌因素:滑坡区地形陡峭,坡度约40°,基本与地层倾角相同,坡面土壤极薄,植被以灌木杂草为主,滑坡区中部发育一季节性冲沟。

4. 引发因素:据云阳县雨情通报,8月30日21时至9月1日16时,江口镇地区累计降雨量达282毫米;9月1日1时至23时,江口镇累计降雨量达302毫米,1日6时至16时,最大雨强达30～40毫米／小时,属特大暴雨,该次降雨过程持续时间长,降雨量及降雨强度大。由于长时间暴雨,坡体上松散岩土体受到坡面水流的冲刷和浸泡,失稳滑动,部分滑塌体和山洪一起混合形成碎屑流。

综上,该地质灾害为强降雨引发的滑坡灾害。

三、2015年趋势预测

我国山区较多,地形复杂,构造发育,地质灾害隐患分布广泛。近几年,台风、强降雨等异常天气频繁出现,地震频发,地质灾害防治形势依然严峻。预测2015年地质灾害总体趋势可能接近常年,局部地区可能加重。春季,西南和西北地区是防范重点;汛期,地质灾害将大量发生,南方大部地区,尤其是西南、中南和东南沿海以及西北部分地区仍然是地质灾害发生和危害的重点地区;秋冬季,主要注意防范山区人类工程活动和西南地区降雨融雪引发的地质灾害。2015年,各地都要加强防范水利水电工程、铁路、公路、矿山开采、削坡建房等人为活动引发的地质灾害。

四、对策建议

2015年要充分认识地质灾害防治工作的重要性和面临的严峻形势,切实加强日常防灾工作,有效防范因异常强降雨引发的地质灾害。需要特别关注三峡库区及汶川、鲁甸、彝良、芦山等地震灾区。另外,还需注意防范沿海地区由于台风引发的突发性地质灾害。

各地、各部门要及早对2015年的地灾防治工作作出全面部署,落实地灾防治责任制,确保任务明确、责任落实。一是以高标准"十有县"建设为抓手,全面提高地灾防治水平,推进落实调查评价、监测预警、搬迁避让、工程治理和应急处置工作。二是加强汛期地灾防治措施的落实,做好巡查排查。三是强化重点地区防治工作:三峡库区要做好水位涨落期间的地灾防范;汶川、鲁甸、彝良、芦山等地震灾区和舟曲特大山洪泥石流灾区,要充分依托以群测群防为主的监测体系做好日常防范工作;东南、华南、西南等山地丘陵区要着重防范台风、强降雨引发的突发性灾害;华北、西北地区要做好黄土塬边缘崩塌、滑坡、沟口泥石流灾害的防治。四是进一步加强预警预报工作。五是做好应急处置,通过完善应急响应流程、推广应急技术与设备,加强应急救处置力量,提高应急响应能力。

第五部分　地质灾害防治大事记(2014)

地质灾害防治大事记（2014）

1月17日，中国地质灾害防治工程行业协会第四次会长办公会召开，国土资源部副部长汪民出席会议并讲话。

1月20日，国土资源部上报《国土资源部关于2013年全国地质灾害防治工作的报告》（国土资发〔2014〕10号）。

2月12日，新疆维吾尔自治区和田地区于田县7.3级地震发生后，国土资源部启动三级应急响应，派出工作组赴新疆检查指导地震次生地质灾害防范。工作组督促指导新疆维吾尔自治区国土资源系统及时开展震区周边相关断裂的次生地质灾害排查及融雪引发地质灾害的防范工作。

2月24日，中国地质灾害防治工程行业协会第五次会长办公会召开，国土资源部副部长汪民出席会议并讲话。

2月28日，2014年全国地质灾害趋势预测会商会召开。会议由国土资源部地质环境司主办，中国地质环境监测院承办，来自全国30个省（区、市）的代表50余人参加了会议。

3月12日，国土资源部下发《关于做好2014年地质灾害防治工作的通知》（国土资厅发〔2014〕6号），对做好2014年全国地质灾害防治工作作出总体部署。

3月28日，国土资源部下发《关于开展地质灾害防治工作检查的通知》（国土资电发〔2014〕8号），在4月至5月中旬，部署开展全国地质灾害防治检查工作。

3月31日，中国地质灾害防治工程行业协会一届二次理事会暨一届三次常务理事会在北京召开。国土资源部党组成员、副部长、中国地质灾害防治工程行业协会会长汪民出席会议并发表重要讲话。会议分别由中国地质灾害防治工程行业协会常务副会长关凤峻和副会长王学龙主持。

4月15日，2014年全国汛期地质灾害防治工作视频会议召开，国土资源部副部长汪民、中国地震局副局长阴朝民、中国气象局副局长矫梅燕出席会议并讲话，广东、贵州省国土资源厅汇报发言，部设主会场，各省（区、市）和副省级城市国土资源管理部门设分会场，全国共1万人参加了这次视频会议。

4月18～21日，国土资源部副部长汪民带领部工作组赴重庆，对三峡库区和重庆市地质灾害防治工作进行检查，工作组详细了解了重庆黔江区、武隆县、涪陵区等地的地质灾害工程治理和监测预警体制机制建设和运行等情况，并与群测群防监测员和群众进行了交流。

5月7～12日，国土资源部地质环境司、中国地质灾害防治工程行业协会共同举办以"加强防灾减灾，构建和谐社会，确保生命安全"为主题的宣传活动，在贵州、北京、河北、湖北四省市地质灾害频发的山区集中开展了宣传教育、应急演练、互助互救等系列活动。

5月19日，国土资源部下发《国土资源部关于开展地质灾害防治知识宣传教育培训活动的通知》（国土资电发〔2014〕20号），从2014年到2016年，每年6月1日至9月30日期间在全国集中开展地质灾害防治知识宣传教育培训活动，突出人民群众是保护自身生命财产安全第一责任人的宣传理念，力求达到最好的防灾效果。

6月3日，第三届世界滑坡论坛在北京开幕，联合国教科文组织总干事伊琳娜·博科娃，国土资源部副部长、中国地质调查局局长汪民出席会议并致辞，此次论坛的主题为"减轻滑坡风险，构建安全的地质环境"。来自不同国家和地区的500多名教学科研、管理机构的专家学者参加会议。

6月3日，云南盈江6.1级地震发生后，国土资源部立即启动地质灾害三级应急响应，派出专家组赶赴震区进行地质灾害应急指导，并要求云南省厅组织精干力量迅速支援灾区。

6月17日，汪民副部长主持召开专题会，在总结回顾前阶段防治工作的基础上，研判了当前和今后一段时间内的防灾形势，提出进一步加强汛期地质灾害防治工作措施。

7月8～11日，汪民副部长带领部工作组赴贵州省，检查指导贵州省汛期地质灾害防治工作。

7月11日，为贯彻落实党中央、国务院领导同志重要批示，针对近期云南省怒江州福贡县和大理州云龙县连续发生地质灾害，导致人员伤亡，汪民副部长带领部工作组赶赴云南，指导抢险救灾，检查地质灾害防治工作。

7月30日，交通运输部会同国土资源部和国家铁路局联合下发《关于加强铁路公路水路沿线及在建工程地质灾害防范工作的通知》（交应急发〔2014〕150号）。要求各省、自治区、直辖市、新疆生产建设兵团交通运输厅（局、委），国土资源主管部门，各铁路监督管理局，长江、珠江航务管理局：一是建立预警信息互通机制；二是积极采取检查防范措施；三是全面做好隐患排查治理；四是科学开展应急处置工作。

8月3日16时30分，云南省昭通市鲁甸县发生6.5级地震，震源深度12千米。国土资源部立即启动地质灾害三级应急响应，第一时间派出专家组，赶赴昭通地震灾区指导地质灾害应急排查工作，云南省各级国土资源主管部门已按预案开展相应工作。

8月4日，鉴于鲁甸地震灾情严重，国土资源部将地质灾害应急响应提升至一级，要求各相关单位充分做好应急准备，随时听从调遣，及时开展地质灾害应急和抗震救灾工作。姜大明部长于4日5时参加由国务院领导带队的工作组前往震区指导救灾工作。

8月9日2时左右，四川省甘孜州丹巴县东谷乡二卡子沟成功避让1起特大泥石流灾害，转移1521人，避免225人伤亡。因监测预警及时，灾害发生后，无人员伤亡。

8月13日，国土资源部在北京召开汛期地质灾害防治工作再动员再部署会议，在高度重视云南鲁甸地区地质灾害防治工作的同时，加大对其他重点地区指导力度。汪民副部长出席会议并讲话。会后，在已开展检查工作基础上，部派出7个工作组分赴四川、重庆等7个地质灾害防治重点省（区）进行检查、指导，推动地方落实各项防灾措施。

8月27日，关凤峻司长赴丹江口库区调研指导地质灾害防治工作。

9月3～4日，财政部和国土资源部在北京召开了重点省份地质灾害综合防治体系建设竞争性选拔会议，组织专家对四川、甘肃、湖南、广西、湖北、重庆、贵州、陕西、江西、福建、广东等11个省份财政和国土资源部门联合上报的地质灾害综合防治体系建设方案进行了评审，最终确定四川、甘肃、湖南三省为2014年地质灾害重点支持省份。

9月17～21日，关凤峻司长带领财政部、国务院三峡办及国土资源部有关同志赴三峡库区检查指导工作。

9月28日，为贯彻落实中央领导同志重要批示，针对贵州省连续发生地质灾害，导致人员伤亡的情况，汪民副部长带领部工作组赴贵州指导地质灾害防治工作，并与贵州省政府负责同志交换意见。

10月24日，全国地质灾害气象预警技术方法研讨会在昆明召开。国土资源部、中国气象局及省级相关单位的专家在会上研讨了地质灾害气象预警模型方法使用情况及预警服务中的存在的难点与问题。目前，区域地质灾害气象预警模型已经基本成熟，能满足预警的需要。下一步，将着力制定预警标准、建设预警案例库及推广地市级精细化预警工作。来自国土资源部、中国地质调查局、中国地质环境监测院、中国气象局公共气象服务中心以及29个省的相关管理和技术人员共90人参加了会议。

11月3～8日，汪民副部长带领工作组赴湖北、河南检查指导地质灾害防治工作。

11月17日，汪民副部长主持召开三峡库区地质灾害防治工作会商会，国务院三峡办负责同志、财政部司局相关同志参加，确定建立三峡库区后续地质灾害防治工作会商机制，明确三峡库区地质灾害防治资金审批流程，确保三峡库区地质灾害防治资金落实到位。

11月20～21日，全国地质灾害灾情统计工作会议在福州市召开，来自国土资源部地质环境司、中国地质环境监测院以及31个省（区、市）的相关管理和信息报送人员参加了会议。会议对全国地质灾害灾情月报统计、灾情网络直报系统及地质环境管理统计年报填报内容进行了培训。

12月9日，国土资源部发公告取消地质灾害危险性评估备案制度，一级评估报告不再报送省级国土资源主管部门备案，二级评估报告不再报送市（地）级国土资源主管部门备案，三级评估报告不再报送县级国土资源主管部门备案；各级评估报告不再报上级国土资源主管部门备案。

12月9日，国土资源部地质灾害应急技术指导中心在京召开2014年全国地质灾害应急工作交流会，总结交流了2014年地质灾害应急调查典型案例和地质灾害应急工作经验，促进地质灾害应急技术水平和应急响应能力提高。部应急办、中国地质调查局水环部、应急区片专家、各省（区、市）地质灾害应急中心负责同志共计80余人参加了会议。

12月11日，2014年度国家级地质灾害气象预警总结会在京召开，来自国土资源部和中国气象局承担业务的管理和技术人员参加了会议。会议高度肯定了2014年度两部门联合开展的国家级地质灾害气象预警运行服务和技术支撑成果，通过预警与群测群防的紧密结合，防灾减灾效益日益凸显。

12月18日，国土资源部发布通知公布2014年度高标准"十有县"名单。2014年全国共建成432个高标准"十有县"，基层防灾减灾能力得到了有效加强。